"...all'inizio eravamo immortali, eravamo <u>con</u> gli Dei, eravamo <u>come</u> gli Dei... poi tutto cambiò e fummo scacciati dall'Eden, diventammo deboli e mortali..."

Marco La Rosa

IL PRINCIPIO DELL'IMMORTALITÀ

NEO – ESO – BIOLOGIA

di
MARCO LA ROSA
&
GIORGIO PATTERA

Gli articoli e i libri di Marco La Rosa
sono visionabili nel sito:
marcolarosa.blogspot.com

Gli articoli e i libri di Giorgio Pattera
sono visionabili nel sito:
www.galileoparma.it

Immagine di copertina:
"Energia pulsante in continua dispersione"
di Noemi La Rosa

Progetto ed adattamento editoriale:
Daniele Di Stefano

ISBN-13: 978-1-5305-9321-7
ISBN-10: 1-5305-9321-2

Pubblicato nel Marzo 2016

Disponibile anche in edizione digitale Kindle

Stampato da CreateSpace
Printed by CreateSpace
www.createspace.com

"… per morire bisogna prima essere vivi"
"… la vita trova sempre la strada giusta"

(da Autómata di Gabe Ibáñez – 2014)

"Se un uomo non è disposto ad affrontare
qualche rischio per le sue opinioni,
o le sue opinioni non valgono niente
o non vale niente lui".

(Ezra Pound)

"Se le porte della percezione fossero eliminate,
ogni cosa apparirebbe all'Uomo com'è in effetti: infi-
nita…"

(William Blake)

INDICE DEI CONTENUTI

Prefazione di Marco... per Giorgio 9
Prefazione di Giorgio... per Marco 10
Presentazione 12
Introduzione 13
1 - Biologia e creazionismo non religioso 17
2 - Il racconto (storico?) ancestrale: la doppia
    creazione dell'Uomo nel testo biblico 19
3 - Il mito mesopotamico della Creazione 21
4 - La straordinaria longevità delle prime creature
    non corrotte 23
5 - La lista reale sumera 25
6 - La caduta del genere umano 29
7 - La storia attuale 32
8 - Proteine artificiali 36
9 - Gli enzimi 38
10 - I ribozimi 41
11 - Ribozimi sintetici 44
12 - La telomerasi 46
13 - Esperimenti con la telomerasi 51
14 - Il soppressore tumorale "p53" e la senescenza 55
15 - Nuove cure sperimentali che si concentrano
    su telomeri e telomerasi 57
16 - Telomerasi e longevità nell'Uomo 60
17 - Conferme dalle ricerche più recenti 62
18 - Il cancro può essere collegato
    all'invecchiamento? 66
19 - Esempi di "immortalità" nel mondo animale 69

20 - L'intuizione di Francis Crick sull'RNA...
non è poi così peregrina... 75

21 - Tanti studi sul microRNA
e nessuno che li correla?... 78

22 - Immortalità fisica o solo dell'anima?.................. 80

23 - L'ontogenesi.. 83

24 - La morfogenesi... 87

25 - Il campo morfico.. 91

26 - Tutto questo è strettamente correlato
al "vincolo planetario"?.. 96

27 - Anche i non vedenti sognano............................ 105

28 - Siamo figli delle stelle?..................................... 110

29 - La teoria della *mente estesa*............................. 120

30 - Il problema del metodo nell'indagine
scientifica... 126

31 - DMT: passaporto per dimensioni parallele?........ 134

32 - Melatonina, traghetto per l'infinito................... 138

33 - Conclusione... 151

Ringraziamenti... 153

Bibliografia, fonti e citazioni... 154

Chi sono gli Autori... 165

PREFAZIONE DI MARCO...
PER GIORGIO

Lo devo ammettere: questo progetto mi ha stupito molto...

E' nato in silenzio, quasi furtivo, un po' "carbonaro". Quando l'idea è maturata, non potevo non coinvolgere il mio Maestro e Mentore, colui che mi ha insegnato tutto, soprattutto a camminare con le mie gambe ed a pensare con la mia testa. "Ascolta sempre, più che parlare; impara, ma non smettere mai di dubitare e quindi di verificare tutto ciò che senti, per confermarlo o confutarlo, senza timori o tentennamenti". Queste sono le basi del metodo "socratico", la cosiddetta "MAIEUTICA", l'arte della levatrice. Credo di averlo imparato piuttosto bene e Giorgio me ne ha dato la conferma, accettando di "discutere", con me e per me, questa tesi di NEO-ESO-BIOLOGIA.

Non potevo chiedere di più... anzi, sì, la sua firma accanto alla mia...

Grazie, Giorgio...

Marco La Rosa

PREFAZIONE DI GIORGIO...
PER MARCO

«Un nuovo libro? Un altro? Ma di chi è? Marco La Rosa? Ah, sì, ho capito... è un buon ragazzo, ma un po' "fuori"...».

È con questo commento, fra l'ironico ed il sornione, che il parmigiano "ruspante" potrebbe accogliere l'ultimo lavoro di Marco (ne ha scritti altri due) e per quanto mi riguarda, conoscendolo da oltre trent'anni, non posso che concordarne la definizione...

Certo, Marco è senza dubbio completamente "fuori" (altro che un po'!)... ma da cosa?

Da tutti quegli schemi simil-dogmatici cui il citato parmigiano "ruspante" (e questo vale non solo per gli ex-sudditi della Duchessa, purtroppo...) è asservito da oltre due secoli: il benessere (per non dire agiatezza), il materialismo spinto e lo spiccato edonismo, insito nel proprio DNA...

Oops... ho parlato di DNA e, senza volere, ciò si adatta perfettamente (come il grana sui prelibati "tortelli d'erbetta", tanto cari ai palati emiliani) al contenuto del libro di Marco: anzi, più che libro, lo chiamerei "trattato"!

Qui un attento lettore potrà sviscerare alcuni concetti di non facile, lo ammetto, assimilazione: il "creazionismo non religioso", la "panspermia", la "telomerasi", "l'intervento esobiologico"...

Tranquilli, benpensanti! La ricerca di Marco, attualissima e doviziosamente documentata, al pari d'una tesi di laurea in Biologia (lasciatelo dire al sottoscritto, che ne ha masticato per quarant'anni...), NON tratta né di Religione né di Ufologia... ma conduce "il navigatore curioso", che voglia scostare finalmente quel velo di mistero (precostituito ed opportunistico) che da sempre accompagna la comparsa, l'evoluzione, la storia e, perché no, gli errori di valutazione dell'umana civiltà, a prendere in esame ipotesi "alternative", mettendo (finalmente!) in discussione quel "Ipse dixit" tanto caro ai Soloni della (cosiddetta) scienza "ufficiale".

Continua su questa strada, Marco: e il verbo del divin poeta "non ti curar di lor, ma guarda e passa...", voglio sostituirlo con "ricerca, studia e scrivi...".

Ed anche se i tuoi "venticinque lettori" di manzoniana rimembranza fossero meno, "usciremo, comunque, a riveder le stelle...".

Giorgio Pattera

PRESENTAZIONE

La teoria del cosiddetto "creazionismo non religioso" è assai datata e periodicamente viene riproposta da diversi studiosi. L'intervento alieno sull'evoluzione biologica umana è tutt'ora considerato un concetto pseudoscientifico o fantascientifico; tuttavia il NOSTRO intento è quello di dimostrare, con l'ausilio dell'interdisciplinarità, che tale concetto ha comunque valenza teorica plausibile, fino a prova contraria; e come tale dev'essere considerato ed adeguatamente proposto anche nelle sedi accademiche. Gli studi pluriennali sull'origine della vita hanno portato i biologi ad un alto grado di conoscenza del DNA, permettendo di correlare adeguatamente gli aspetti dell'invecchiamento cellulare, la progressione tumorale e quindi il concetto di immortalità o, comunque, di "vita in salute" molto prolungata, anche rispetto agli attuali parametri. In questo studio multidisciplinare sono stati utilizzati anche testi storici antichi che, volutamente interpretati alla lettera, ci permettono di rafforzare il concetto di "intervento esobiologico" nel più ampio discorso di "panspermia guidata o diretta".

INTRODUZIONE

*EVOLUZIONISMO E "CREAZIONISMO – NON RE-
LIGIOSO" NON SONO IN CONTRASTO...*

*... ma si separano (per la nostra specie) in un momen-
to ben preciso, per effetto di un intervento esobiologico*

Mi ritengo un creazionista non religioso, NON un an-
ti-evoluzionista; in poche parole, parteggio per
l'esobiologia – atipica, ben consapevole che la mia ricerca sia considerata border-line o parascientifica. Questo perché un discorso scientifico ortodosso deve necessariamente considerare il naturalismo metodologico
come lo strumento migliore da utilizzare per spiegare
l'universo in termini di meccanismi naturali osservati o
verificabili. Sono quindi legittime, anzi doverose, le
domande che la scienza ufficiale si pone allorché le ipotesi di natura "creazionista" (anche se non religiosa)
vengono formulate: quando e come un'intelligenza
progettatrice intervenne nella storia della Vita? Quando
è stato creato il primo DNA? Quando è stata creata la
prima cellula? Quando è stato creato il primo essere
umano? Sono state progettate tutte le specie o solo poche specie iniziali? D'altro canto, se tutto fosse verificabile e spiegabile razionalmente, non ci sarebbe bisogno
di proporre ipotesi alternative e tuttavia plausibili.

Lo sapeva bene negli anni '60 del secolo scorso uno dei padri del DNA, Francis Crick (premio Nobel per la medicina nel 1962), quando teorizzò la cosiddetta "Panspermia guidata o diretta", che potrebbe essere una risposta all'ultima domanda, riassumendo tutte le altre.

Comunque sia, la ritengo una premessa fondamentale per esporre onestamente, senza pretese o pregiudizi, la convinzione che la specie "homo sapiens" (alla quale apparteniamo) sia stata ancestralmente prodotta attraverso ingegneria genetica da intelligenze extraterrestri molto evolute. Deriviamo quindi da un progetto bioingegneristico, che ha coinvolto una creatura già presente sulla Terra ed attentamente selezionata, non tra specie vere e proprie, ma tra le pluralità di forme preesistenti. Queste ultime corrisponderebbero a più stadi morfologici, cioè gradi diversi di una sola "strana" superfamiglia "panmissica", cioè *"un nucleo scaturito dalla mescolanza di tendenze ereditarie diverse per effetto di fecondazioni incrociate"*: es. habilis, erectus, sapiens). Questo è dovuto principalmente ad una migliore capacità dell'encefalo, il cui patrimonio genetico è stato mescolato con quello alieno per ottenere, infine, un prodotto più adatto agli scopi dei creatori: un essere con un ampio sviluppo delle regioni parietale e temporale (dove si situano, attualmente, l'informazione sensoriale e parte della memoria) e della vascolarizzazione della dura madre. Fu necessario anche implementare nell'emisfero dominante l'area di Broca, la cui funzione sottende all'elaborazione del linguaggio, così come l'anatomia della base del cranio, il cui ruolo nella fonazione è essenziale. Tutto ciò è già stato ampiamente illustrato nella prima parte del libro: *"Il Risveglio del Caduceo dormiente, la vera genesi dell'homo sapiens"* (OmPhi Labs Edizioni 2015, pagg. 25-34). Di conseguenza, l'evoluzione esplosiva e improvvisa, innescata dai geni HAR (Human Accelerated Region), nonché dalle manipolazioni sul fondamentale quanto misterioso enzima chiamato "telomerasi", ci rende "veramente umani", ma anomali dal punto di vista paleo-antropologico.

"Se un ipotetico paleoantropologo extraterrestre fosse venuto sulla Terra 50 mila anni fa, avrebbe trovato Homo floresensis in Indonesia, Homo sapiens ubiquitario, il Neanderthal in Europa ed il Denisova nei monti Altai: quindi una pluralità di forme..." Prof. Dietelmo Pievani (Filosofia delle Scienze Biologiche – Università di Padova).

La citazione del Prof. Pievani, estrapolata da una sua recente conferenza, mi ha consentito di circostanziare meglio, ancora una volta, la mia ipotesi. Yves Coppens, paleontologo e paleoantropologo francese, scrive: *"La Paleoantropologia è una scienza che, per poter capire, ha bisogno della fantasia, che non è uno dei suoi aspetti meno attraenti; o forse il suo grande fascino sta proprio nell'importanza che in essa riveste l'immaginazione"*. Dunque immaginazione e fantasia non si possono escludere a priori, come vorrebbero gli ortodossi della scienza dura e pura. Nella mia posizione mi reputo fortunato, poiché posso attingere a piene mani da questi due aspetti (poco scientifici, ma assolutamente efficaci) per "simulare" nuovi scenari, in grado di by-passare gli stalli nei quali si trova attualmente la scienza ufficiale, che studia l'evoluzione umana e quindi le nostre origini. Il tempo, come sempre, lo confermerà o smentirà.

Marco La Rosa

BIOLOGIA E CREAZIONISMO NON RELIGIOSO

Panspermia guidata (o Panspermia diretta)

L'ovvio (e per nulla scontato) grande interesse del biologo Francis Crick era l'origine della vita. Egli era fermamente convinto che il codice genetico, una volta messo in moto da un organismo primitivo, non potesse più essere modificato, perché un cambiamento avrebbe prodotto delle mutazioni fatali. Questo, secondo il suo punto di vista, spiegava l'universalità del codice ed il fatto che nessun organismo con codice diverso potesse sopravvivere.

Crick si avvicinò così all'idea di un mondo basato sul RNA: era dunque probabile che forme di vita, costituite di RNA, avessero preceduto nel tempo quelle composte da DNA, RNA e proteine. Convinti dell'universalità del codice genetico, Francis Crick e Leslie Orgel elaborarono e pubblicarono la teoria della "Panspermia guidata". Nel trattato i due biologi sostenevano la possibilità che la vita sulla Terra fosse iniziata in seguito all'arrivo e allo sviluppo di semplici entità, di tipo batterico, spedite nello spazio da forme di vita avanzate, presenti su altri pianeti, tramite particolari "vettori" protettivi, forse identici o simili a quelli oggi conosciuti col termine "fullereni". Esiste perciò la possibilità che il nostro codice genetico non abbia avuto origine sulla Terra, ma provenga da un altro luogo, inviato da una forma di vita intelligente. Crick e Orgel notarono subito che la vita terrestre presentava due stranezze: la prima è l'elemento chimico molibdeno (Mo 42), molto utile nelle reazioni enzimatiche, ma altrettanto raro sulla Terra allo stato puro, mentre altre sostanze più abbondanti sono assolutamente inutili per la vita. Se dunque la vita fosse nata sulla Terra, dovrebbe invece rifletterne in parte la composizione chimica. Inoltre, il fatto che il codice genetico sia uguale per tutti gli organismi viventi, non si adatta all'idea che la vita possa essere nata qui in un'unica forma, senza varianti, ma è appunto in accordo con l'idea di un precursore unico, che potrebbe effettivamente essere di origine extraterrestre. I due scienziati presero sul serio la questione, ritenendola fondamentale per spiegare il codice universale, quello che Marco La Rosa definisce "dell'Uomo Kosmico".

IL RACCONTO (STORICO?) ANCESTRALE:

LA DOPPIA CREAZIONE DELL'UOMO NEL TESTO BIBLICO

I TESTI ANTICHI, CONSIDERATI COME CRONA-CHE E NON COME RACCONTI DI CARATTERE PRETTAMENTE ALLEGORICO, SONO QUINDI DA INTERPRETARE LETTERALMENTE.

GENESI, capitolo 1

[24] Dio disse: «La terra produca esseri viventi secondo la loro specie: bestiame, rettili e bestie selvatiche secondo la loro specie». E così avvenne: [25] Dio fece le bestie selvatiche secondo la loro specie e il bestiame secondo la propria specie e tutti i rettili del suolo secondo la loro specie. E Dio vide che era cosa buona. [26] E Dio disse: «Facciamo l'uomo a nostra immagine, a nostra somiglianza, e dòmini sui pesci del mare e sugli uccelli del cielo, sul bestiame, su tutte le bestie selvatiche e su tutti i rettili che strisciano sulla terra».

GENESI, *capitolo 2*

[7] Allora il Signore Dio plasmò l'uomo con polvere del suolo e soffiò nelle sue narici un alito di vita e l'uomo divenne un essere vivente.

[18] Poi il Signore Dio disse: «Non è bene che l'uomo sia solo: gli voglio dare un aiuto che gli sia simile». [19] Allora il Signore Dio plasmò dal suolo ogni sorta di bestie selvatiche e tutti gli uccelli del cielo e li condusse all'uomo, per vedere come li avrebbe chiamati: in qualunque modo l'uomo avesse chiamato ognuno degli esseri viventi, quello doveva essere il suo nome. [20] Così l'uomo impose nomi a tutto il bestiame, a tutti gli uccelli del cielo e a tutte le bestie selvatiche, ma l'uomo non trovò un aiuto che gli fosse simile. [21] Allora il Signore Dio fece scendere un torpore sull'uomo, che si addormentò; gli tolse una delle costole e rinchiuse la carne al suo posto. [22] Il Signore Dio plasmò con la costola, che aveva tolta all'uomo, una donna e la condusse all'uomo.

IL MITO MESOPOTAMICO DELLA CREAZIONE

L'Enuma Elish (Quando in alto) è un poema mesopotamico che tratta il mito della creazione e le imprese del dio Marduk. Veniva recitato durante l'akītu, la festa del capodanno di Babilonia. L'opera viene ufficialmente fatta risalire al XIII o al XII secolo a.c., al tempo della prima dinastia di Babilonia, ma è probabilmente molto più antica.

Se ne conoscono alcune versioni assire del VII secolo a.c. trovate ad Assur e a Nìnive. Il poema consta di sette tavole e, oltre a quello celebrativo, ha lo scopo di descrivere anche la cosmogonia. L'autore o gli autori iniziano il racconto dal tempo dei primordi, da prima dell'origine del tutto, come accade nella Genesi biblica.

Sesta tavoletta:

«Marduk, udita la dichiarazione degli Dèi, fu spinto in cuor suo a creare nuove meraviglie! Aprì dunque la bocca e disse ad Ea, spiegandogli il progetto che aveva in animo: "Voglio condensare del sangue, costituire un'ossatura e creare così un prototipo umano, che si chiamerà Uomo! Questo prototipo, questo Uomo, voglio crearlo perché gli siano imposte le fatiche degli

Dèi, in modo che essi abbiano tempo libero. Nuovamente, voglio render più gradevole la loro esistenza, affinché, anche se separati in due gruppi, siano ugualmente onorati!" Come risposta, Ea gli pronunciò queste parole, comunicandogli il suo progetto per il divertimento degli Dèi: "Che mi sia dato uno dei loro fratelli: costui perirà perché siano creati gli uomini! Che i grandi Dèi si riuniscano affinché sia scelto il colpevole, gli altri saranno sani e salvi!" Marduk, radunati dunque gli Dèi, li comandò benevolmente e diede i suoi ordini e, quando aprì la bocca, tutti gli Dèi ascoltarono con rispetto; il Re rivolse dunque queste parole agli Anunnaki: "Fino ad ora voi non avete mai detto che la verità, certo! Ebbene! Non pronunciate ancora che parole veritiere! Chi ha ordito il combattimento, spinto alla rivolta Tiamat e organizzato la battaglia? Che me lo si porti, colui che ha ordito il combattimento, per infliggergli il suo castigo, affinché voi stiate in ozio!" Gli Igigi, i grandi Dèi, risposero a lui, Lugal.dimmer.ankia, il Sovrano degli Dèi, loro Signore: "Quingu solo ha ordito il combattimento, spinto alla rivolta Tiamat e organizzato la battaglia!" Venne dunque incatenato e messo di fronte ad Ea; poi, per infliggergli il castigo, fu dissanguato e con il suo sangue Ea creò l'umanità, alla quale impose il lavoro degli Dèi, liberando questi ultimi…"

- 4 -

LA STRAORDINARIA LONGEVITÀ DELLE PRIME CREATURE NON CORROTTE

Genesi, 5:1-31: *"Questo è il libro della posterità d'Adamo. Nel giorno che Dio creò l'uomo, lo fece a somiglianza di Dio; li creò maschio e femmina, li benedisse e dette loro il nome di 'uomo', nel giorno che furono creati. Adamo visse centotrent'anni, generò un figliuolo, a sua somiglianza, conforme alla sua immagine, e gli pose nome Seth; e il tempo che Adamo visse, dopo ch'ebbe generato Seth, fu ottocent'anni, e generò figliuoli e figliuole; e tutto il tempo che Adamo visse fu novecentotrent'anni; poi morì. E Seth visse centocinque anni, e generò Enosh. E Seth, dopo ch'ebbe generato Enosh, visse ottocentosette anni, e generò figliuoli e figliuole; e tutto il tempo che Seth visse fu novecentododici anni; poi morì. Ed Enosh visse novant'anni, e generò Kenan. Ed Enosh, dopo ch'ebbe generato Kenan, visse ottocentoquindici anni, e generò figliuoli e figliuole; e tutto il tempo che Enosh visse fu novecentocinque anni; poi morì. E Kenan visse settant'anni, e generò Mahalaleel. E Kenan, dopo ch'ebbe generato Mahalaleel, visse ottocentoquarant'anni, e generò figliuoli e figliuole; e tutto il tempo che Kenan visse fu novecentodieci anni; poi morì. E Mahalaleel visse sessantacinque anni, e generò Jared. E Mahalaleel, dopo ch'ebbe generato Jared, visse ottocento-*

trent'anni, e generò figliuoli e figliuole; e tutto il tempo che Mahalaleel visse fu ottocentonovantacinque anni; poi morì. E Jared visse centosessantadue anni, e generò Enoc. E Jared, dopo ch'ebbe generato Enoc, visse ottocent'anni, e generò figliuoli e figliuole; e tutto il tempo che Jared visse fu novecentosessantadue anni; poi morì. Ed Enoc visse sessantacinque anni, e generò Methushelah.

Ed Enoc, dopo ch'ebbe generato Methushelah, camminò con Dio trecent'anni, e generò figliuoli e figliuole; e tutto il tempo che Enoc visse fu trecentosessantacinque anni. Ed Enoc camminò con Dio; poi disparve, perché Iddio lo prese. E Methushelah visse centottantasette anni e generò Lamec. E Methushelah, dopo ch'ebbe generato Lamec, visse settecentottantadue anni, e generò figliuoli e figliuole; e tutto il tempo che Methushelah visse fu novecentosessantanove anni; poi morì. E Lamec visse centottantadue anni, e generò un figliuolo; e gli pose nome Noè, dicendo: 'Questo ci consolerà della nostra opera e della fatica delle nostre mani, cagionata dal suolo che l'Eterno ha maledetto'. E Lamec, dopo ch'ebbe generato Noè, visse cinquecentonovantacinque anni, e generò figliuoli e figliuole; e tutto il tempo che Lamec visse fu settecentosettantasette anni; poi morì. E Noè, all'età di cinquecent'anni, generò Sem, Cam e Jafet".

- 5 -

LA LISTA REALE SUMERA

E' un antico testo scritto in caratteri cuneiformi, nel quale sono elencati i regnanti di Sumer con la rispettiva durata dei loro regni. Oltre a riferimenti storici accertati, il testo riporta anche l'elenco dei sovrani antidiluviani, i cui regni sono durati fino a 40 mila anni cadauno! I Sumeri credevano che la regalità fosse donata dagli dei e che potesse passare da una città all'altra con le conquiste militari. Ciò che rende questo manufatto così unico nel suo genere è l'elenco presumibilmente completo dei governanti pre-dinastici (o pre-diluviani) e di quelli storici, dei quali la ricerca archeologica ne ha attestato l' esistenza. Per la storia ufficiale, ancora non è chiaro il motivo per il quale i sumeri ebbero la necessità di inserire anche i regni predinastici nell'elenco ufficiale dei sovrani. Alcuni assiriologi pensano che si tratti di un'aggiunta successiva, dettata dalla necessità di fare riferimento ad un passato mitico. Ma c'è anche chi è convinto che la lista predinastica faccia riferimento ad una reale epoca preistorica precedente il grande diluvio planetario. Come racconta The Ancient Origins, il primo frammento di questo testo straordinario fu individuato dallo studioso tedesco-americano Hermann Hilprecht su una tavoletta antica di 4 mila anni, rinvenuta nel sito archeologico dell'antica Nippur. Tale scoperta venne pubblicata nel 1906. Dopo il ritrovamento di Hilprecht, furono disotterrati almeno altri 18 manufatti con le incisioni attestanti la Lista Reale, la maggior parte dei quali risale alla dinastia Isin (2017-1794 a.c.). Gli studiosi ritengono che il materiale comune a tutte le versioni della lista, sia sufficiente per ritenere che derivino tutte da un unico originale. Tra tutti gli esemplari della lista, la versione più completa è rappresentata dal prisma Weld-Blundell, conservato nel Museo di Oxford. Si tratta di un parallelepipedo alto circa 10 cm, con i quattro lati maggiori completamente incisi con caratteri cuneiformi. Si ritiene che in origine ci fosse un fuso di legno che passasse nel suo centro, così da poter essere ruotato e letto su tutte e quattro le facce incise. Il prisma elenca i governanti dell'era antidiluviana fino al sovrano dell'ultima dinasta Isin (1763-1753 a.C.). La lista ha dunque un immenso valore storico, sia perché richiama molte antiche tradizioni che troviamo nei racconti della Genesi biblica, sia perché fornisce un importante quadro cronologico relativo ai diversi periodi della storia sumera. La Lista Reale Sumera inizia con i primi otto re che hanno governato precedentemente alla "grande inondazione". Nessuno degli otto sovrani però, ha avuto sino ad ora, conferma storica da scavi archeologici, epigrafi o altro. È possibile che risalgano al periodo corrispondente a quello della cultura Jemdet Nasr, conclusasi intorno al 2900 a.C. Ciò che sbalordisce è l'immensa durata cronologica dei regni e l'esplicito riferimento all'origine della regalità come un'istituzione di natura divina:

"Dopo che la regalità calò dal cielo, il regno ebbe dimora in Eridu. In Eridu, Alulim divenne re; regnò per 28.800 anni".

I regni sono misurati in "sar", periodo che corrisponde a 3600 anni, e in "ner", unità che ne vale 600, rivelando una serie di "successioni" incredibilmente lunghe:

Alulim di Eridu: 8 sars (28.800 anni)

Alalgar di Eridu: 10 sars (36.000 anni)

En-Men-Lu-Ana di Bad-tibira: 12 sars (43.200 anni)

En-Men-Gal-Ana di Bad-tibira: 8 sars (28.800 anni)

Dumuzi di Bad-tibira, il pastore: 10 sars (36.000 anni)

En-Sipad-Zid-Ana di Larag: 8 sars (28.000 anni)

En-Men-Dur-Ana di Zimbir: 5 sars e 5 ners (21.000 anni)

Ubara-Tutu di Shuruppak: 5 sars e 1 ner (18.600 anni)

Come possiamo constatare, i primi otto sovrani di Sumer coprono un totale di 241.200 anni dal momento in cui la "regalità calò dal cielo". Poi, come riportano le iscrizioni:

"Dopo che il Diluvio spazzò via ogni cosa e la regalità fu discesa dal cielo, il regno ebbe dimora in Kish".

Questi periodi di governo così duraturo non sono facilmente spiegabili, ad un estremo, c'è chi liquida la faccenda come un tentativo di mitizzare figure storiche, sottolineandone con le cifre il potere e l'importanza; all'altro estremo c'è chi è convinto che i numeri hanno un fondamento nella realtà e che i primi re sumeri erano esseri di un altro mondo in grado di vivere molto più a lungo degli esseri umani.

6

LA CADUTA DEL GENERE UMANO

Genesi, 6:1-4: *"Quando gli uomini cominciarono a molti-plicarsi sulla faccia della terra e furono loro nate delle figlie, avvenne che i figli di Dio videro che le figlie degli uomini erano belle e presero per mogli quelle che si scelsero fra tutte. Il Signore disse: 'Lo Spirito mio non contenderà per sempre con l'uomo, poiché, nel suo traviamento, egli non è che carne; i suoi giorni dureranno quindi centoventi anni'. In quel tempo c'erano sulla terra i giganti e ci furono anche in segui-to, quando i figli di Dio si unirono alle figlie degli uomini ed ebbero da loro dei figli. Questi sono gli uomini potenti che, fin dai tempi antichi, sono stati famosi".*

PERCHÉ L'UOMO SI AMMALA?

Accoppiamento "outbred" e "inbred":

"In genetica si chiama esogamia, o accoppiamento "outbred", quello tra persone estranee tra loro, nel senso che non sono legate da nessun vincolo di parentela o consanguineità che dir si voglia. Al contrario, l'endo-gamia (in inglese "inbreeding" = inincrocio), o accop-piamento inbred, è quello parentale! L'incesto, insom-ma. Incesto vuol dire non casto, tuttavia casto viene da: castigato! Castigato è l'uomo punito per effetto del pec-cato originale. Accoppiamenti inbred prima del "patatrac genetico" determinato dall'essersi accoppiata la femmina con un maschio "estraneo" al nucleo "fami-gli-are", garantivano l'omozigosi = geni sani sia da parte femminile che maschile e, ovviamente, la piena salute. Dopo sono cominciati i... guai. L'etimo della parola guaio (guaio = wanian) è piangere. Il verbo guaire, cor-relato sia con la parola guaio che con vagina, è: *mandar fuori la voce come fosse un pianto...* Concludendo, incesto vuol dire anche: accoppiamento non castigato. Da ciò si deduce che le traduzioni letterali delle antiche scritture ci svelano in realtà il "contrario" di quello che i teologi e la chiesa ci hanno sempre detto! Analogamente, il "cul-to" dell'a-teismo lavora per amplificare più che può gli effetti del peccato originale. Come? Facendo in modo che le razze s'incrocino, che noi perdiamo la nostra "identità" e diveniamo esseri feroci, aggressivi, versati alla pazzia. Detto questo, riusciamo a capire come era messa bene geneticamente (rispetto a noi oggi) l'umani-tà, "prima"? Quel prima che le scritture antiche ci hanno tramandato molto bene e che noi consideriamo allego-ria e mito. Allora, nemmeno i "ceppi famigliari" si erano incrociati e tutto avveniva in casa, per capirci! A chi dovesse manifestare disappunto pensando che con l'incesto si trasmettono le malattie, diciamo che sbaglia di grosso perché in realtà si trasmette la salute. La ma-lattia è stata causata dell'aver accoppiato due mezze mele diverse, ovvero rompendo quella perfezione simmetrica che fino a quel momento aveva visto sem-pre formarsi mele intere, in cui la parte sinistra e quella destra erano perfettamente uguali.

Dopo, quando l'irrimediabile si è compiuto ed i primi geni del male hanno preso corpo, l'incesto non poteva che essere foriero di sventura, in quanto un gene del male solo da parte di un genitore, in eterozigosi, non è letale, mentre da parte di entrambi, in omozigosi, lo diventa! Da qui si apre il capitolo delle malattie trasmesse geneticamente."

(tratto da: "Perché le malattie?" di Massimo Corbucci – GdM 509, Ottobre 2014)

7

LA STORIA ATTUALE

LE EVIDENZE DI UNA MANIPOLAZIONE GENETICA ANTE-LITTERAM

...la senescenza replicativa e stata "inflitta" all'uomo per togliergli l'immortalità...

"Si sa da lungo tempo che per ogni specie vi è un'età massima raggiungibile: per i topi, ad esempio, questa età è di 3 anni, per i cani circa 25 anni e i gatti possono vivere al massimo una trentina di anni. Per l'uomo, la cui vita media attualmente è di circa 75-78 anni, **esiste un limite massimo situato intorno ai 120 anni.**

da: http://www.cosediscienza.it/bio/05_immortali.htm

"Finora si sono confrontate due scuole di pensiero. C'è chi sostiene che non esiste alcun limite prossimo e che, migliorando le condizioni al contorno, **la vita media dell'uomo può giungere e magari superare i 120 anni.** *Al contrario, altri sostengono che abbiamo sostanzialmente già raggiunto il limite massimo, perché esisterebbe un orologio biologico che non si può violare.*

da: *http://www.unipd.it/ilbo/content/siamo-carnivori-e-viviamo-piu-lungo*

INTELLIGENZA E VITA: UN BINOMIO INSCINDIBILE

QUELLO CHE SA E CHE FA, OGGI, LA NOSTRA BIO-SCIENZA... E' FORSE UNA STRADA GIA' PERCORSA DA "QUALCUN ALTRO", IN UN ANCESTRALE PASSATO?

"Vita artificiale può anche essere vita reale?

Nel maggio del 2010 i titoli di testa dei giornali di mezzo il mondo riportavano: *"Gli scienziati creano la vita artificiale".* J Craig Venter, uno dei pionieri del genoma, affermava: *"Si tratta di un progresso filosofico ed anche tecnico."* Ma cos'ha realmente fatto Venter?

1. Ha determinato la sequenza del DNA in uno dei batteri più semplici.

2. Ha sintetizzato una copia di questo DNA, usando componenti forniti da una società di tecnologie e materiale biologico.

3. Ha sostituito il DNA naturale di un batterio con il DNA sintetico.

L'origine della Vita:

"Allora, da dove nasce la vita? Come la musica può nascere solo da un musicista, la vita può nascere solo da un "essere" vivente. Dunque, nell'esperimento di Venter l'anima che fa vivere il batterio resta immutata, mentre il DNA all'interno del batterio viene cambiato.

A questo proposito è opportuno far rilevare che Stephen Meyer, ricercatore formatosi a Cambridge, nel suo libro *"Signature in the Cell"*, riferisce che i tentativi degli scienziati riduzionisti di spiegare la vita in termini biologici hanno paradossalmente avuto il risultato di mostrare *la necessità dell'intelligenza come causa della vita.*

Per esempio, gli algoritmi del computer con cui si è cercato di simulare l'informazione genetica per mezzo di una generazione di simboli casuali, hanno ottenuto un modesto successo solo quando diretti in modo intelligente verso una sequenza di bersagli scelti. Perciò, ben lontani dal provare l'efficienza della casualità, essi hanno finito *per provare la necessità dell'intelligenza nella generazione dell'informazione genetica.* Lo stesso può applicarsi al caso di Venter? Scienziati intelligenti che hanno lavorato per decenni con finanziamenti milionari sono riusciti a sintetizzare solo uno dei DNA più semplici. *Questo che cosa incide sull'intelligenza richiesta per sintetizzare DNA complessi come il genoma umano?* L'autore George Sim Johnson sottolinea: *"Il DNA umano contiene un numero di informazioni organizzate maggiore di quello dell'Enciclopedia Britannica. Se l'intero testo dell'enciclopedia ci arrivasse in un linguaggio computerizzato dallo spazio esterno, la maggior parte delle persone lo considererebbe una prova dell'esistenza di un'intelligenza extraterrestre".*

A nostro parere, è comunque plausibile e logico pensare che quello che è riuscito a fare il Dr. Venter, per ora solamente a livello batterico, sia prassi assolutamente praticabile da un'intelligenza superiore, evoluta al punto da poter manipolare DNA complessi come il nostro genoma.

8

PROTEINE ARTIFICIALI

Si tratta di proteine che, almeno in laboratorio, fanno il loro dovere quasi come quelle che si trovano in natura: ad inanellare uno dopo l'altro gli aminoacidi, inventando nuove sequenze, sono stati i ricercatori della Princeton University (New Jersey, Usa). Negli organismi viventi, le proteine vengono formate in particolari organi cellulari chiamati ribosomi. Le informazioni che necessitano per fabbricarle sono scritte nel DNA che si trova appunto all'interno del nucleo cellulare. Il DNA viene infatti trascritto da un RNA messaggero, che esce dal nucleo e trasporta l'informazione ai ribosomi. Qui il codice viene letto e, ad ogni breve tratto di tre lettere, viene associato un aminoacido. Una proteina è formata da almeno un centinaio di aminoacidi. In uno studio su PloS One *(che ha già prodotto numerose critiche da parte di chi considera queste ricerche una sorta di "gioco a fare Dio", o meglio come dicevamo prima, a "fare gli ingengeri – creatori")*, Michael Hecht, docente di chimica presso l'ateneo statunitense, ha creato per la prima volta delle proteine funzionanti, anche se completamente diverse da quelle che permettono agli organismi "terrestri" di vivere e riprodursi. Per chi si occupa di biologia sintetica, si tratta di un passo enorme.

Per raggiungere lo scopo, gli studiosi hanno inventato ex novo delle sequenze di DNA che (per ora) non sono previste in natura. Hanno creato in questo modo circa un milione di proteine in grado di ripiegarsi su loro stesse per formare le classiche strutture 3D. Dall'ampio database, Hecht ha poi selezionato alcune di queste molecole e le ha inserite in 27 ceppi di E. coli in cui aveva precedentemente silenziato dei geni (circa lo 0,1% di quelli necessari alla sopravvivenza). Sorprendentemente, i microrganismi sono riusciti a crescere usando queste nuove, strane macchine molecolari. In particolare, le proteine hanno "vicariato" (=sostituire, compiere le funzioni di) quattro geni indispensabili alla vita, silenziati contemporaneamente. Posti in condizioni di stress ambientale, i batteri del campione di controllo, privati dei geni e senza le nuove proteine, sono morti, mentre gli altri hanno formato colonie.

Questo esperimento si può definire un risultato importante, soprattutto alla luce del fatto che le sequenze introdotte non somigliano per nulla a quelle naturali. Tutto ciò fa scaturire una riflessione, o meglio una domanda: ma è la prima volta che su questo pianeta succede una cosa simile? E' forse già successo in un passato ancestrale ad opera di qualche intelligenza "esogena"?

- 9 -

GLI ENZIMI

Si definisce enzima un catalizzatore dei processi biologici. La stragrande maggioranza degli enzimi sono proteine (proteine enzimatiche). Una piccola minoranza di enzimi sono particolari molecole di RNA, chiamate ribozimi (o enzimi a RNA). Il processo di catàlisi (rottura o scioglimento), indotto da un enzima (come da un qualsiasi altro catalizzatore), consiste in un aumento della velocità di reazione e quindi in un più rapido raggiungimento dello stato di equilibrio termodinamico. **Un enzima incrementa unicamente le velocità delle reazioni chimiche, diretta e inversa** (dal composto A al composto B e viceversa), senza intervenire sui processi che ne regolano la spontaneità. In altre parole, agiscono dal punto di vista cinetico senza modificare la termodinamica del processo. Il suo ruolo consiste nel facilitare le reazioni attraverso l'interazione tra il substrato (la molecola o le molecole sulle quali agisce un enzima: i substrati sono dunque le molecole di partenza nelle reazioni chimiche catalizzate dagli enzimi) e il proprio sito attivo (la parte di enzima in cui avvengono le reazioni), formando un complesso. **Avvenuta la reazione, il prodotto viene allontanato dall'enzima, che rimane disponibile per iniziarne una nuova. L'enzima infatti**

non viene consumato durante la reazione. Come tutti i catalizzatori, anche gli enzimi permettono una riduzione dell'energia di attivazione (Ea) di una reazione, accelerando in modo consistente la sua velocità. **La maggior parte delle reazioni biologiche catalizzate da enzimi hanno una velocità superiore di milioni di volte alla velocità che avrebbero senza alcun catalizzatore.** In ogni caso, la differenza principale degli enzimi dagli altri catalizzatori chimici è la loro estrema specificità di substrato: infatti sono in grado di catalizzare *solo* una reazione o pochissime reazioni simili, poiché il sito attivo interagisce con i reagenti in modo "stereospecifico" (cioè risulta sensibile anche a piccolissime differenze della struttura tridimensionale). Secondo la banca dati ExplorEnz della IUBMB (http://www.enzyme-database.org/), sono state individuate finora 4038 reazioni biochimiche catalizzate da enzimi. Tutti gli enzimi sono proteine, ma non tutti i catalizzatori biologici sono enzimi, dal momento che esistono anche catalizzatori costituiti di RNA, chiamati ribozimi. L'attività enzimatica può essere influenzata da altre molecole. Esistono infatti molecole in grado di inibire tale attività (molti farmaci e veleni sono inibitori enzimatici). **Sono note anche molecole attivatrici dell'enzima, in grado di aumentarne l'attività.** L'attività può essere anche influenzata dalla temperatura, dal pH e dalla concentrazione del substrato. Alcuni enzimi sono utilizzati per fini industriali. La sintesi chimica di numerosi farmaci, ad esempio, è portata a termine attraverso l'utilizzo di enzimi. Anche diversi prodotti di uso domestico fanno ampio uso di enzimi. Diversi detersivi contengono enzimi per velocizzare la degradazione delle proteine e dei lipidi che compongono le macchie. La papaina, enzima estratto dalla papaia, è invece utilizzato in numerosi prodotti per le sue caratteristiche proteolitiche (la proteolisi è il processo di degradazione delle proteine da parte dell'organismo): dall'intenerimento della carne (processo noto già a molte popolazioni di epoca protostorica, di cui abbiamo esempi documentati in varie parti del mondo) all'utilizzo in applicazioni topiche sulle ferite e sulle cicatrici.

- 10 -

I RIBOZIMI

Un ribozima (termine composto da acido ribonucleico ed enzima), noto anche come enzima a RNA o RNA catalitico, è una molecola di RNA in grado di catalizzare una reazione chimica. Numerosi ribozimi sono in grado di catalizzare il taglio dei legami fosfodiesterici (*il legame fosfodiesterico, o fosfodiestereo, è un tipo di legame covalente in cui un atomo di fosforo è collegato a due altre molecole tramite due legami esterei. Questo legame svolge un ruolo essenziale nel determinare la struttura degli acidi nucleici come il DNA e l'RNA)* presenti su altre molecole di RNA, così come sul ribozima stesso. Il ribozima più conosciuto è il ribosoma che catalizza la formazione del legame peptidico (*Il legame peptidico, o giunto peptidico, è il legame chimico responsabile dell'unione degli amminoacidi e della conseguente formazione di peptidi e proteine. Come quasi tutti i legami che avvengono nelle biomolecole e in generale nella chimica biologica, si tratta di un legame di tipo covalente, cioè quando due atomi mettono in comune delle coppie di elettroni).* **Molto importante ai fini di questo studio di "creazionismo non religioso" è evidenziare come *nel corso di ricerche sull'origine della vita sono stati prodotti ribozimi in grado di autocatalizzare, in condizioni specifiche, la loro stessa sintesi. Studi re-***

41

centi in vitro sul ripiegamento della proteina prionica (prione: particella infettiva solamente proteica) hanno evidenziato che l'RNA potrebbe essere in grado di catalizzare la trasformazione patologica della proteina stessa, così come fanno le chaperonine (Le chaperonine sono proteine fondamentali per l'ottenimento del prodotto genico).

Prima della scoperta dei ribozimi, le proteine erano le uniche macromolecole biologiche ritenute in grado di svolgere attività catalitica. Nel 1967, Carl Woese, Francis Crick e Leslie Orgel furono i primi a suggerire che l'RNA potesse essere coinvolto in un qualche tipo di catalisi, sulla base di osservazioni di strutture secondarie di RNA molto complesse. Il primo ribozima fu tuttavia identificato solo nel 1980 da Thomas R. Cech, che si stava occupando dello splicing (montaggio) dell'RNA nel protozoo ciliato Tetrahymena thermophila. Questo ribozima era contenuto all'interno di un introne (regione non codificante del gene) di un trascritto RNA ed era in grado di auto-rimuoversi dal filamento stesso. Nel 1989, Thomas R. Cech e Sidney Altman vinsero il Premio Nobel per la chimica per le loro "scoperte sulle proprietà catalitiche dell'RNA". Sebbene la maggior parte dei ribozimi abbiano una concentrazione cellulare irrilevante, il loro ruolo è spesso essenziale per la vita. Ad esempio, la regione funzionale del ribosoma, responsabile della sintesi proteica, è essenzialmente un ribozima. L'RNA può anche essere considerato una molecola che viene ereditata tra cellula madre e figlia (come avviene per il DNA). **Ciò ha indotto Walter Gilbert** a proporre che nel passato le cellule primordiali si servissero di RNA sia come materiale genetico che come molecola strutturale e catalitica: solo successivamente questi ruoli vennero affidati a DNA e proteine. **Questa ipotesi è nota come ipotesi del mondo a RNA** (vedi sopra, teoria della Panspermia guidata o diretta. Queste considerazioni implicano che i ribozimi presenti oggi nelle cellule, così come i ribosomi stessi, siano da considerare *"fossili viventi"* di una vita ancestrale basata esclusivamente sugli acidi nucleici. I ribozimi più studiati, che spesso presentano nomi pittoreschi, sono la RNasi P, gli introni di gruppo I e gruppo II, il leadzyme (letteralmente piombo-zima), il ribozima hairpin (ribozima a forcina), il ribozima hammerhead (ribozima a testa di martello), il ribozima del virus dell'epatite delta ed il ribozima di Tetrahymena termophila.

RIBOZIMI SINTETICI

Dalla scoperta dei primi ribozimi presenti nelle cellule è cresciuto l'interesse nello studio di nuovi ribozimi sintetici, ingegnerizzati in laboratorio. Sono stati prodotti, ad esempio, RNA in grado di auto-tagliarsi che hanno mostrato un'alta attività enzimatica. Allo stesso tempo sono stati isolati degli enzimi RNA ligasi che legano insieme due frammenti di RNA. Diversi ribozimi che catalizzano diverse reazioni chimiche (ad esempio Diels-Alder, legami peptitici, etc.) sono stati isolati. La tecnica che viene usata per produrre ribozimi artificiali è stata sviluppata all'inizio degli anni novanta nei laboratori di Jack Szostak (Harvard) e Gerald Joyce (Scripps Research Institute) ed è nota con il termine 'evoluzione in vitro'. Questa tecnica consiste nel sottoporre un grande insieme di molecole di RNA, aventi diverse sequenze, a diversi cicli di selezione, mutazione ed amplificazione, *mediante la tecnica della PCR (PCR: sigla di polymerase chain reaction = reazione a catena della polimerasi). Questa metodologia viene utilizzata per ottenere quantità che ammontano a µg di copie di segmenti specifici di DNA o di RNA, partendo da quantità minime (anche una sola molecola) presenti in una preparazione di acidi nucleici. Ideata negli anni 1980 da K.*

Mullis, ha avuto negli anni successivi un tale sviluppo da rivoluzionare molti campi della ricerca di base e applicata. I suoi numerosi impieghi riguardano la genetica molecolare, la diagnostica, la medicina forense, le analisi alimentari e microbiologiche e gli studi di filogenesi molecolare.

Le molecole che soddisfano le proprietà desiderate verranno selezionate e verranno amplificate, mentre le molecole non attive non verranno amplificate. Questa tecnica si basa sull'applicazione a livello molecolare delle regole dell'evoluzione darwiniana. E' quindi possibile paragonarci a dei "novelli" creatori? Quello che stiamo facendo ora a livello "elementare" è stato fatto su di noi (ad un ben più alto livello), in passato, da qualcun altro?

LA TELOMERASI

Telomerasi: *enzima dell'immortalità cellulare*

L'enzima telomerasi svolge un ruolo cruciale nel mantenimento dell'integrità del DNA durante la replicazione cellulare. La comprensione dei meccanismi che regolano la sua funzione potrebbe portare allo sviluppo di nuovi approcci terapeutici, per numerose condizioni che implicano un'alterazione della proliferazione cellulare, come ad esempio la discheratosi, i tumori e **l'invecchiamento**. I telomeri, segmenti di DNA posti alle estremità dei cromosomi, vengono pian piano ridotti in seguito ad ogni replicazione del DNA. Il progressivo accorciamento delle estremità dei cromosomi a ciascuna divisione risulta in un numero limitato di divisioni (circa 90) prima che la cellula muoia. La telomerasi è un enzima che alcune cellule del nostro organismo sfruttano per "preservare" i telomeri, allungando così la loro vita. Essa rappresenta quindi un enzima molto interessante per gli scienziati che studiano fenomeni come l'invecchiamento e patologie come i tumori. Kathleen Collins, professoressa di biochimica e biologia cellulare presso la University of Berkeley in California, ha condotto un'ampia ricerca sulla telomerasi con lo scopo di approfondire le conoscenze su questo "enzima dell'immortalità". I suoi studi riguardano appunto la regolazione dell'enzima e le connessioni con alcune patologie umane che includono un'alterazione della proliferazione cellulare. Il team della University of Berkeley ha condotto esperimenti avanzati per la messa a punto di metodi per controllare e regolare la produzione della telomerasi. Gli studi di Collins sono stati eseguiti sul protozoo acquatico Tetrahymena thermophila, che ha permesso di identificare una serie di importanti proteine associate alla telomerasi e alla sua produzione.

Questo organismo unicellulare produce telomerasi in continuazione con lo scopo di riprodursi in modo efficiente. Sfortunatamente, come dicevamo prima, solo pochi tessuti umani, come il midollo osseo e l'epidermide, sono in grado di produrre la telomerasi. Nel 1999 gli studi del team di ricercatori guidato dalla professoressa Collins ha rivelato una importante connessione tra una di queste proteine (la discherina) e una rara patologia genetica: la discheratosi. La discheratosi (DKC) è una sindrome legata al cromosoma X, che si sviluppa prevalentemente nei maschi e colpisce i tessuti, che necessitano di un continuo rinnovo. Si manifesta durante l'infanzia ed è caratterizzata da una serie di disturbi, tra cui lesioni cutanee, distrofia ungueale e difetti al midollo osseo. Altre condizioni associate alla patologia sono: stenosi esofagea, fibrosi polmonare, cirrosi epatica, anomalie ossee e anomalie immunitarie, oltre allo sviluppo di neoplasie spesso mortali. La discheratosi congenita è legata all'espressione del gene DKC1 e della proteina da esso codificata, la discherina. La discherina è associata anche con il componente RNA della telomerasi (hTR). Nei pazienti con malattia legata all'X, la concentrazione di hTR è ridotta ed i telomeri risultano più corti rispetto ai controlli. I telomeri sono più corti anche nei pazienti affetti da forme autosomiche della discheratosi congenita, suggerendo che la malattia possa essere causata da un'alterazione dell'attività telomerasica. *"Abbiamo scoperto che questi individui hanno mutazioni che coinvolgono la sintesi della discherina, tali da rendere inefficiente la telomerasi"* spiega Collins. Con livelli troppo bassi di telomerasi, la pelle, i polmoni e le cellule del sangue (che fanno appunto affidamento in un aumento dei telomeri per rigenerarsi in modo costante) interrompono sostanzialmente le divisioni cellulari.

"Questo meccanismo di compensazione non basta per mantenere le cellule in vita per sempre, ma può essere sufficiente per soddisfare le necessità di organismi longevi, come l'uomo", spiega Collins. Man mano che le cellulare vanno incontro a divisione, i loro telomeri si accorciano, portando infine ad un arresto della proliferazione. Alcune cellule trasformate con virus od oncogeni bypassano il problema dell'accorciamento dei telomeri e proseguono la divisione cellulare con il cosiddetto "riarrangiamento" dei cromosomi. Raramente alcune cellule attivano la telomerasi per mantenere i telomeri, così da indurre un potenziale sviluppo di tumori. Le cellule tumorali riescono a mobilitare la telomerasi, perciò possono replicarsi in continuazione, mantenendo intatti i propri telomeri. Alcune linee cellulari tumorali usate

oggi nei laboratori sono state fatte crescere per quasi un secolo e i loro telomeri risultano intatti grazie all'azione della telomerasi. Capire come viene regolata la telomerasi e individuare un metodo per ridurre e fermare l'azione dell'enzima nelle cellule tumorali sono alcuni degli obiettivi che i ricercatori stanno cercando di raggiungere per sviluppare in futuro un approccio terapeutico che potrebbe supportare gli attuali trattamenti per sconfiggere i tumori. Gli scienziati hanno identificato una serie in continua crescita di patologie che sembrano essere legate alla diminuzione dell'attività della telomerasi. E' quindi molto importante arrivare presto ad una buona comprensione dell'enzima. Gli studi della professoressa Collins indicano che la struttura ibrida della telomerasi e la complessità della sua sintesi ne rendono particolarmente delicato l'assemblaggio, che risulta molto sensibile a potenziali complicazioni tali da causare difetti dell'enzima. La telomerasi, diversa rispetto alla gran parte degli enzimi umani, è formata da una parte proteica e da una parte di RNA: questo la rende simile alle strutture usate da numerosi virus per stoccare l'informazione genetica. *"Non si tratta semplicemente di due parti che vengono incollate insieme, è un mix che rappresenta molto più che la somma delle parti. Allo stato attuale non sappiamo quanti meccanismi cellulari siano coinvolti nella sintesi della telomerasi. Esistono numerosi livelli di complessità non ancora indagati"*, spiega Collins. Essendo un insieme di RNA e proteine, la telomerasi è molto importante anche dal punto di vista evolutivo: la complessità delle forme viventi aumenta sviluppando una varietà di diverse proteine.

"La presenza di un'ampia diversità di proteine consente la progressione dell'evoluzione tramite l'elaborazione di complessi tra proteine e RNA. Assemblando in diversi modi una molecola di RNA con una proteina è possibile ottenere nuove funzioni", spiega Collins. Questa considerazione evolutiva potrebbe spiegare il motivo per cui i genomi umani hanno solo un terzo (di codice codificante proteine) in più rispetto ai semplici nematodi (vermi cilindrici). Ecco perché riteniamo molto interessante quest'ultima affermazione della Dr.ssa Collins: ci stiamo avvicinando a piccoli passi verso una sempre più completa comprensione di noi stessi, di come siamo fatti. Ci stiamo letteralmente guardando "dentro" ed è quindi plausibile, molto plausibile che qualcuno di molto, molto evoluto abbia "armeggiato" con il nostro DNA molto tempo fa: e per fare questo non riteniamo necessario scomodare Dio, almeno non a questo livello.

E' plausibile pensare ad una via di mezzo? Qualcuno che può stare tra noi e il Creatore di tutto?

- 13 -

ESPERIMENTI CON LA TELOMERASI

*LA VERA RICERCA BIOLOGICA PER SCONFIG-
GERE I TUMORI HA SCOPERCHIATO IL VASO DI
PANDORA E APERTO LA STRADA
ALL'INTUIZIONE DELL'ANTICO INTERVENTO
BIOLOGICO ALIENO SUL NOSTRO DNA.*

La scoperta della telomerasi nel "protista ciliato" Tetrahymena (i protisti rappresentano il primo e fondamentale stadio evolutivo degli organismi eucarioti,
prodotto dall'endosimbiosi tra organismi procarioti au-
totrofi ed eterotrofi: batteri e cianobatteri) ed il concetto
emergente che l'accorciamento dei telomeri è connesso
con il numero di replicazioni ha condotto gli scienziati
a cercare un'attività telomerasica nelle cellule neoplastiche, dove fu trovata per la prima volta nel 1989. Tuttavia, fu solo nel 1994 che Jerry Shay e Woodring
Wright in collaborazione con scienziati della Geron
Corporation, **dimostrarono che la telomerasi poteva
essere evidenziata in circa il 90% di tutti i tumori
esaminati.** Gli scienziati della Geron hanno clonato la
componente RNA della telomerasi umana (hTR) e, in
collaborazione con il laboratorio di Tom Cech, **hanno
clonato la porzione proteica dell'enzima (hTERT).**

Mentre hTR è espressa in tutte le cellule, hTERT è presente solo nelle cellule con attività telomerasica. Circa 40 anni fa, Leonard Hayflick scoprì che le cellule umane normali hanno una limitata capacità a dividersi ed alla fine vanno incontro a un arresto della crescita, cioè diventano "senescenti" (il lento processo involutivo fisiologico che segue l'età matura): questo fenomeno è noto come "Hayflick Limit". Le cellule normali invecchiano e contano un numero finito di divisioni cellulari, come noi contiamo l'invecchiamento con gli anni, il meccanismo importante da comprendere erano dunque le basi molecolari del cosiddetto "replicometro." Gli studi genetici pioneristici di Hermann Muller nel 1938 e di Barbara McClintock nel 1941 avevano dimostrato che le estremità dei cromosomi devono essere incapsulate da una struttura speciale chiamata "telomero" che protegge appunto le estremità dei cromosomi e ne previene la fusione. Alexy Olovnikov suggerì che l'accorciamento dei telomeri poteva essere alla base del limite di Hyflick, tuttavia, quest'idea restò inesplorata per almeno due decenni. Molti scienziati interessati alla replicazione del DNA si sono attivamente adoperati per risolvere questo problema, utilizzando organismi unicellulari. Elizabeth Blackburn, la prima a lavorare con il sopra citato protozoo ciliato Tetrahymena thermophila, scoprì nel 1978 che le sequenze dei telomeri di Tetrahymena erano costituite da centinaia e centinaia di basi di sequenze ripetute (TTGGGG). In seguito, Carol Greider, collaboratrice della Blackburn, scoprì che l'attività enzimatica che sintetizza le sequenze ripetute dei telomeri era appunto la telomerasi che, guarda caso, risolveva il problema della "end-replication", allungando i telomeri e contrastandone l'accorciamento delle estremità.

Come dunque abbiamo capito, le cellule umane normali esprimenti hTERT-esogena mantengono un set normale di cromosomi e continuano a crescere in modo normale. Di per sé, quindi, la telomerasi non conferisce nessuna delle proprietà conosciute delle cellule neoplastiche, se non l'intrigante caratteristica dell'immortalità, cioè la mancanza di senescenza replicativa. A questo punto ciò che a noi interessa è la questione fondamentale riguardante le colture cellulari prima menzionate: sono rilevanti anche per l'invecchiamento dell'organismo? Ormai sappiamo che **il potenziale replicativo delle cellule umane potrebbe essere regolato a un punto sufficiente per consentire una crescita, uno sviluppo, un riparo e un mantenimento "normali", ma per il momento non così ampio nel tempo da permettere il gran numero di divisioni necessarie per accumulare un numero di anni di vita superiore a 120, senza poi incorrere nel rischio che la cellula diventi maligna. L'accorciamento dei telomeri può quindi essere considerato un meccanismo che limita il potenziale mitotico per ogni tipo cellulare e quindi la senescenza cellulare può essere considerata un potente meccanismo soppressivo del tumore. Nelle cellule umane, come nel lievito, esiste un "telomere position effect" (TPE). Il TPE dipende dalla lunghezza del telomero e dalla posizione del gene in relazione al telomero. Consente alla cellula di sapere quanto è vecchia (tene-**

re la traccia del suo numero di divisioni) e di modificare conseguentemente l'espressione genica (il comportamento) durante il tempo di vita della cellula.

IL SOPPRESSORE TUMORALE "p53" E LA SENESCENZA

La divisione delle cellule telomerasi-negative (cellule normali) provoca l'accorciamento dei telomeri e si accompagna all'invecchiamento della cellula, che continua finché il telomero raggiunge una lunghezza finita. A quel punto, la cellula smette di dividersi. Questo *arresto nella crescita è innescato appunto da "p53"*, che viene di solito attivato in risposta a un danno al DNA. Più importante dell'accorciamento del telomero è probabilmente la perdita del "cappello" del telomero, poiché viene lasciata esposta l'estremità del DNA cromosomiale, causando un cosiddetto "malinteso" (così ci piace chiamarlo) da parte della cellula, poiché questa assenza di "cappuccio" o cappello, viene interpretata come una rottura del doppio filamento, quindi un danno al DNA (anche se così non è: ecco perché prima abbiamo usato la parola malinteso). Tutto ciò scatena subito la reazione mediata da *"p53"*, che causa un arresto della crescita ed il conseguente ingresso della cellula in senescenza. L'ipotesi più plausibile allo stato attuale, riguardo al "cancro", è che se una cellula della popolazione ha acquistato una mutazione in p53, potrebbe ignorare questo segnale e continuare a dividersi, entrando in un ciclo di rottura-fusione, che causa un massiccio danno cromosomiale o instabilità cromosomica. Si è visto che alcune cellule possono sopravvivere a questo periodo di catastrofe genetica riattivando la telomerasi, che arresta di conseguenza il circolo vizioso precedente e ripristina una sufficiente stabilità cromosomica per la sopravvivenza; ma nella maggioranza dei casi, purtroppo, queste cellule danneggiate possono accumulare ulteriori mutazioni e condurre al cancro.

NUOVE CURE SPERIMENTALI CHE SI CONCENTRANO SU TELOMERI E TELOMERASI

Cromosomi e telomeri

Dalla Spagna arriva una nuova speranza per la lotta al cancro: una nuova cura, sperimentata sul tumore al polmone, che potrebbe essere applicata a tutti i tipi di cancro. Ma come funziona? La ricerca condotta dal CNIO (Centro Nacional de Investigaciones Oncológicas) ha scoperto che per frenare Il tumore al polmone, una delle tipologie di cancro più aggressive e letali, bisogna intervenire sui telomeri, le parti finali dei cromosomi composte da sei proteine, che fungono da "cappuccio" per proteggere le informazioni contenute nel nostro DNA.

Ogni volta che una cellula si divide, duplica il suo materiale genetico, contenuto all'interno dei cromosomi. Ma in ogni divisione cellulare, i telomeri si accorciano e quando lo sono troppo, diventano tossici per la cellula che, allora, smette di replicarsi e viene eliminata dall'organismo. Le cellule cancerogene, invece, sono in grado di dividersi e moltiplicarsi senza che i telomeri si accorcino. Il segreto della loro immortalità è la telomerasi, un enzima che ripara costantemente i telomeri stessi e che nella maggior parte delle cellule sane (come abbiamo visto) è spenta, mentre in quelle tumorali è attiva. Finora, i ricercatori avevano provato a frenare la crescita del cancro inibendo la telomerasi delle sue cellule, ma, purtroppo, senza riscontrare alcun successo. L'idea innovativa applicata dagli studiosi del Centro Nacional de Investigaciones Oncológicas, sotto la direzione della Prof.ssa María Blasco, è quella di intervenire sui telomeri senza alterare la telomerasi, in pratica bloccando solamente una delle sei proteine che li costituiscono; viene in questo modo abbattuto lo scudo che protegge i cromosomi del cancro e le cellule muoiono all'istante. Lo studio, pubblicato sulla rivista EMBO Molecola Medicine, dimostra che bloccando questa proteina si impedisce la crescita di carcinomi al polmone già sviluppati. Come afferma la Dott.ssa Blasco: *"Eliminando la proteina TRF1 si lasciano i telomeri immediatamente privi di protezione e le cellule entrano in senescenza e muoiono. Questa strategia uccide in modo efficace le cellule cancerogene, frena la crescita tumorale e ha effetti collaterali tollerabili dal nostro organismo"*. Il CNIO è ora alla ricerca di soci nell'industria farmaceutica che possano sviluppare il farmaco per bloccare la proteina TRF1 a uno stadio più avanzato, così da poterlo utilizzare non solo per il cancro ai polmoni, ma anche per gli altri tipi di tumore, visto che questo trattamento agisce su di una caratteristica universale comune a tutti i tipi di cancro. Ci si sta indubbiamente avvicinando ad un punto chiave, ad un portale "codificato" che nasconde sicuramente la soluzione per ottenere un organismo che non invecchia e che non si ammala.

- 16 -

TELOMERASI
E LONGEVITÀ NELL'UOMO

Ci sono 92 telomeri che indicano la durata della vita. Le cellule nella maggior parte dei tessuti umani gradualmente rallentano la loro crescita, in proporzione all'accorciamento dei telomeri. Alcuni Studi hanno mostrato che le cellule normali di persone anziane perdono la capacità di dividersi a un tasso molto più rapido rispetto alle cellule di persone giovani e che le cellule senescenti, ovviamente, aumentano con l'età. Mentre l'accorciamento del telomero fornisce la storia replicativa, funge anche da orologio-calendario che ricorda alla cellula quante volte si è divisa e quanto tempo le resta da vivere. Dunque sappiamo bene che l'allungamento del telomero fornisce longevità alla cellula, ma questo stranamente avviene in modo "perpetuo" solo nelle cellule del cancro, che grazie alla telomerasi diventano virtualmente "immortali". Se blocchiamo l'azione della telomerasi in una cellula neoplastica, il telomero comincia ad accorciarsi a ciascuna divisione e, come nelle cellule normali, la cellula neoplastica smette di dividersi e poi muore. Nelle cellule normali, invece, la telomerasi è come un interruttore che viene spento a stadi precoci dello sviluppo. I telomeri non si allungano più e la cellula va incontro a un limitato numero di divisioni. Se, invece, introduciamo come sperimentato dai biologi della Geron l'enzima "hTert", ecco che le nostre normali cellule automaticamente hanno vita più lunga e salutare.

CONFERME
DALLE RICERCHE PIÙ RECENTI

La ricerca affila le armi contro il cancro, scovato l'interruttore che blocca i tumori: Identificato un nuovo possibile approccio terapeutico attraverso la riattivazione della proteina p53.

"La p53, conosciuta anche come proteina tumorale 53 (gene TP53), è un fattore di trascrizione che regola il ciclo cellulare e ricopre la funzione di soppressore tumorale. La sua funzione è particolarmente importante negli organismi pluricellulari per sopprimere i tumori nascenti. La p53 è stata descritta come "il guardiano del genoma", riferendosi al suo ruolo di preservazione della stabilità attraverso la prevenzione delle mutazioni. Deve il suo nome alla semplice massa molecolare: pesa infatti 53 kDa." (L'**unità di massa atomica unificata** (**u**), detta anche **dalton** (**Da**). Partendo da precedenti studi, un gruppo di ricercatrici dell'Istituto di biologia cellulare e neurobiologia del Consiglio nazionale delle ricerche (Ibcn-Cnr) ha identificato un nuovo possibile approccio terapeutico per la cura del cancro, attraverso la riattivazione della proteina p53, soppressore tumorale considerato uno dei più importanti fattori per il controllo dello sviluppo e della progressione della malattia, che infatti risulta inattivo in quasi tutti i tumori umani. I risultati sono pubblicati sulla rivista Cancer Research. "Grazie a tecniche di biologia molecolare e cellulare, è stata individuata una sostanza (un peptide) in grado di riattivare il soppressore tumorale p53, portando alla morte le cellule cancerose. In *sintesi, questo peptide riesce ad annullare la collaborazione tra gli inibitori MDM4 e MDM2 (proteine) che disattivano p53 rendendolo inefficace"*, spiega Fabiola Moretti, che guida il gruppo di ricerca dell'Ibcn-Cnr. La sperimentazione indica inoltre che tale peptide è inattivo sulle cellule normali analizzate, facendo ipotizzare che questa nuova strategia possa essere ben tollerata dai tessuti sani. "Studi ulteriori saranno necessari per rendere tale peptide un vero farmaco", precisa Moretti.

"Rispetto alla sostanza individuata in questo studio, le terapie sviluppate finora per riattivare p53 nei tumori non sono in grado di bloccare simultaneamente i due inibitori; inoltre una prima sperimentazione clinica ha anche evidenziato una forte tossicità di una di queste terapie, dovuta al danneggiamento di alcuni tessuti sani". *Il nostro parere riguardo a questi due famigerati proto-oncogeni è che sono come un doppio firewall: se riesci a passarne uno, l'altro è lì, pronto a fermarti. E' come se chi ha progettato tutto questo si aspettasse che prima o poi saremmo arrivati al nodo cruciale e che, compresa l'importanza fondamentale di p53, avesse fatto in modo di "blindare" ulteriormente la chiave di codifica per l'immortalità. Ma ormai è solo questione di tempo, quanto non sappiamo ancora dire; non vo-*

gliamo rischiare di essere ottimisti come lo fu Alvin Silverstein negli anni '80 del secolo scorso, quando scrisse: "La conquista della morte, perché potremmo essere l'ultima generazione che muore. Come e quando la medicina sconfiggerà definitivamente le malattie".

CNR, terapia genica: è possibile sostituire un intero cromosoma X, portatore della sindrome di Lesch Nyhan, con uno sano.

Sostituire un cromosoma sano al posto di uno malato all'interno di una cellula? Ora è possibile grazie a un esperimento realizzato dall'Istituto di ricerca genetica e biomedica del Consiglio nazionale delle ricerche (Irgb-Cnr) di Milano nel gruppo "Genoma umano", Istituto clinico Humanitas di Rozzano (Mi) e illustrato sulla rivista Oncotarget. Il team di ricerca, guidato da Paolo Vezzoni, Anna Villa e Marianna Paulis, è riuscito per la prima volta a sostituire un cromosoma difettoso con uno sano, all'interno di una cellula staminale di mammifero, nella fattispecie un topo.

"Mutazioni dannose nel DNA provocano malattie genetiche. La terapia genica convenzionale non è in grado di curare, neanche in linea teorica, tutte le alterazioni genetiche, poiché non consente il trasferimento di grandi porzioni di DNA. Finora, quindi, non si può nulla contro alterazioni cromosomiche importanti, come ad esempio la mancanza di un intero cromosoma o una notevole delezione di esso. Una delezione è un tipo di aberrazione o mutazione cromosomica, che consiste nell'assenza di un tratto di un cromosoma, con conseguente perdita irreversibile di materiale genetico).

"Queste particolari anomalie potrebbero tuttavia essere curate se fossimo in grado di sostituire l'intero cromosoma difettoso con una sua copia sana", spiega Vezzoni. *"Nel nostro esperimento il cromosoma da eliminare era portatore di una grave variazione genica, che nell'uomo provoca la sindrome di Lesch Nyhan (gotta giovanile)".* Il gruppo di ricerca ha utilizzato la metodica delle microcellule: un cromosoma X *esogeno*, trasportato da una microcellula vettore, è stato introdotto nelle cellule con cromosoma X malato. *"La presenza di una copia sana del gene originariamente difettoso ha così permesso di risolvere il difetto funzionale"*, conclude Vezzoni. La novità fondamentale sta nella possibilità di eliminare il corrispettivo cromosoma endogeno, così che la cellula trapiantata possieda un normale corredo cromosomico, diventando cioè una cellula sana a tutti gli effetti. *"Ci siamo concentrati sul cromosoma sessuale X perché numerose malattie genetiche sono causate proprio da alterazioni di questo cromosoma, come ad esempio alcune varianti di distrofia muscolare o l'emofilia. Inoltre, questo tipo di approccio mostra per la prima volta come sia possibile sostituire un intero volume dell'enciclopedia genomica, aprendo una nuova strada al trattamento di malattie genetiche".*

IL CANCRO
PUÒ ESSERE COLLEGATO
ALL'INVECCHIAMENTO?

L'invecchiamento è una parte inevitabile della vita, spesso accompagnato da una serie di malattie legate all'età. Una delle più frequenti malattie associate all'invecchiamento è il cancro, al quale quindi ci si riferisce anche come "malattia dell'invecchiamento". Oltre ad essere una preoccupazione dei singoli individui, l'invecchiamento rappresenta una delle principali "battaglie" per gli operatori sanitari e per la società intera. Tuttavia, mentre l'invecchiamento (per ora) pare inevitabile, le malattie associate alla vecchiaia non devono esserlo ed è appunto quello che i ricercatori del Centre for Genomic Regulation (CRG) stanno cercando di "sfatare". Nel corso dei secoli si è cercato di risalire alla causa dell'invecchiamento, ma ancora oggi fatichiamo a comprenderne appieno il fenomeno. Perché il corpo subisce un declino funzionale nel corso del tempo? Il team di ricerca presso il CRG ritiene di aver scoperto un indizio che potrebbe aiutarci a capire non solo i perché dell''invecchiamento, ma anche come lo stesso potrebbe favorire lo sviluppo di malattie come il cancro. I ricercatori hanno focalizzato la loro attenzione sulla pelle, uno dei tessuti più soggetti ad invecchiare. Tutti possiamo constatare con l'età l'invecchiamento della pelle, che si tratti di rughe o assottigliamento, perdita dei capelli o addirittura ridotta capacità di guarigione delle ferite. Negli esseri umani la pelle è l'organo più esteso e, proprio come le altre parti del corpo, essa sostituisce costantemente le cellule morte o danneggiate con cellule nuove e sane. Per riuscirci, ciascun tessuto dipende da popolazioni di cellule specializzate, denominate cellule staminali. *"Queste cellule hanno delle capacità uniche, in quanto sono in grado di crescere e differenziarsi in tutti i vari tipi di cellule degli organi, riuscendo inoltre a tollerare meglio lo stress e i danni rispetto alle cellule non staminali. Si riteneva che questo processo di ringiovanimento e rinnovamento avvenisse per tutta la vita"*, dice Jason Doles, il primo autore dello studio e ricercatore post-dottorato presso il CRG.

Attraverso lo studio delle cellule staminali della pelle durante il processo di invecchiamento, i ricercatori speravano di capire se i cambiamenti nella funzione delle cellule staminali potesse contribuire all'invecchiamento. Hanno osservato che durante il processo di invecchiamento le cellule staminali della pelle perdono effettivamente la loro capacità di funzionare correttamente. *"Abbiamo scoperto che durante l'invecchiamento nelle cellule staminali avvengono grandi cambiamenti, per cui le cellule mostrano una crescita ridotta negli animali anziani, rispetto alle loro controparti più giovani. Abbiamo anche constatato che le cellule staminali di maggiore età non sono in grado di tollerare lo stress come quelle giovani, a conferma dell'idea che i cambiamenti nella loro funzione potrebbe effettivamente guidare il processo di invecchiamento"*, ha detto Bill Keyes, che è capo del gruppo Mechanisms of Cancer and Aging lab presso il CRG e autore principale dello studio ora pubblicato nella rivista Genes & Development. Questa ricerca è stata anche determinante per la scoperta di nuovi processi alla base dell'invecchiamento delle cellule staminali della pelle e per il collegamento del processo di invecchiamento con malattie come il cancro. E' stato dimostrato infatti che le cellule staminali si trasformano durante lo sviluppo del carcinoma in cellule squamose atipiche, che molto spesso degenerano in cancerogene. Lo studio in questione ha effettuato un profiling ad alte prestazioni dell'invecchiamento delle cellule staminali e ha individuato una probabile causa della perdita funzionale durante l'invecchiamento. E' stato constatato che il normale invecchiamento favorisce una graduale sostituzione dell'epitelio; durante questo processo vengono prodotte proteine diverse che mediano le infiammazioni, ma un meccanismo non ancora ben identificato, a volte, innesca anche la produzione anomala di questi mediatori infiammatori, contribuendo al declino della funzione delle cellule staminali. Dato che il legame tra infiammazione e lo sviluppo del cancro è conosciuto da tempo, lo studio attuale si rivela un importante collegamento da approfondire.

19

ESEMPI DI "IMMORTALITÀ" NEL MONDO ANIMALE

La transdifferenziazione:

I foglietti embrionali, o foglietti germinativi, indicano nella biologia evolutiva degli organismi pluricellulari la prima differenziazione di un embrione in diversi strati cellulari, dai quali successivamente si sviluppano strutture, tessuti e organi differenti. Si distinguono:

endoderma;

mesoderma;

ectoderma.

La trasformazione di cellule di un foglietto embrionale in cellule di un altro, viene chiamata transdifferenziazione. Nel corso di una differenziazione cellulare, l'espressione genica delle cellule cambia radicalmente e molti geni si "spengono". Una transdifferenziazione autentica richiede comunque una regolazione simultanea dell'espressione di migliaia di geni, dapprima in quantità elevate, in seguito in quantità più ridotte, per esempio per ottenere una cellula epatica da una muscolare bisogna avere a disposizione proteine completamente diverse.

Una transdifferenziazione di questo tipo può aver luogo in via diretta oppure indirettamente tramite una "de-differenziazione" che dovrà poi essere seguita da una differenziazione in senso opposto. Attualmente la ricerca ha constatato che solamente le cellule staminali (in misura ridotta) siano in grado di farlo. La medusa Turritopsis nutricula è l'unica forma di vita nel mondo animale nota per aver sviluppato la capacità di ritornare allo stato primordiale, attraverso un processo di transdifferenziazione.

La medusa "immortale" Turritopsis nutricula è stata scoperta qualche anno fa da ricercatori dell'Università di Lecce. La sua particolarità dipende dal fatto che è capace di invertire il proprio ciclo biologico e di sfuggire così alla morte.

Il doppio ciclo:

Questa medusa di piccole dimensioni (ha infatti un diametro di appena 4 millimetri) si sviluppa seguendo due stadi: nel primo è simile a un piccolo polipo, è infatti dotata di tentacoli utili per la caccia sottomarina; nel secondo si trasforma in medusa, con lo sviluppo di più tentacoli (passa da una decina a oltre 80). Una volta raggiunta la maturità sessuale e dopo essersi riprodotta, non muore. Scende sul fondo del mare e torna allo stadio primordiale di polipo da cui si era sviluppata. Per gli scienziati questo ringiovanimento è reso possibile, a livello cellulare, grazie al "transdifferenziamento". Questo particolare mutamento è dovuto all'azione delle cellule, che da altamente specializzate ritornano allo stadio di cellule non specializzate, tipiche della fase "giovanile". Le cellule muscolari sono capaci di perdere la loro specializzazione morfologica e ritornare a uno stadio "totipotente", attraverso il quale possono essere prodotte nuove cellule con differenti caratteristiche. (La totipotenza è la proprietà di una singola cellula staminale di svilupparsi in un intero organismo e persino in tessuti extra-embrionali). Quello che rende speciale questa medusa, però, non sono le cellule in sé e per sé, ma il processo che riporta indietro l'orologio biologico. Processi parziali di questo tipo sono presenti anche in altri animali, come tritoni e lucertole, che possono rigenerare però solamente alcune parti del loro corpo.

Il verme immortale che non invecchia:

Grazie alla capacità di alcuni vermi di rigenerarsi all'infinito, i biologi pensano di riuscire a scoprire il segreto dell'immortalità, ma anche comprendere meglio alcune malattie degenerative del cervello o di altre parti del corpo umano che non hanno la capacità di guarire naturalmente. I ricercatori dell'Università di Nottingham hanno infatti dimostrato, in una ricerca finanziata dal Biotechnology e Biological Sciences Research Council (BBSRC) e dal Medical Research Council (MRC), recentemente pubblicata su Proceedings of the National Academy of Sciences, che in linea teorica sarebbe possibile rallentare l'invecchiamento anche nelle cellule umane. Studiando infatti i meccanismi che stanno alla base della longevità di alcuni platelminti (vermi piatti), gli scienziati sono rimasti stupiti dalla loro capacità di rigenerarsi apparentemente senza limiti. Il dottor Aziz Aboobaker, della University's School of Biology, ha dichiarato: "*Abbiamo studiato due tipi di vermi piatti, quelli che si riproducono sessualmente e quelli che si riproducono in maniera asessuata, semplicemente dividendosi in due parti che si rigenerano. In entrambi i casi, in questi vermi ricrescono nuovi muscoli, pelle, intestino e cervello anche più e più volte. Quando le cellule staminali si dividono, ad esempio per guarire le ferite o durante la riproduzione o la crescita, cominciano subito a mostrare segni di invecchiamento.*

Ciò significa che le cellule staminali non sono più capaci di dividersi e quindi diventano sempre meno capaci di sostituire le cellule specializzate che sono invecchiate nel nostro corpo. La nostra pelle è forse l'esempio più eclatante di questo processo. I vermi piatti e le loro cellule staminali sono in qualche modo in grado di evitare il processo d'invecchiamento, mantenendo la capacità delle cellule di duplicarsi". Uno degli eventi connessi con l'invecchiamento delle cellule è legato alla lunghezza dei telomeri. Al fine di crescere e funzionare normalmente, le cellule del nostro corpo devono continuare a dividersi per sostituire le cellule usurate o danneggiate. Durante questo processo di divisione, la copia del materiale genetico deve passare alla generazione successiva di cellule. L'informazione genetica all'interno delle cellule è organizzata in filamenti intrecciati di DNA, chiamati cromosomi. Alla fine di questi filamenti c'è un elemento protettivo, chiamato telomero. I telomeri sono stati paragonati all'estremità protettiva di un laccio da scarpe, che evita lo sfilacciamento della stringa. Come abbiamo già specificato in precedenza, ogni volta che una cellula si divide, il telomero si consuma. Quando diventa troppo corto, la cellula perde la capacità di dividersi e rinnovarsi. In un animale immortale ci dovremmo aspettare che le cellule siano capaci di mantenere la lunghezza del telomero indefinitamente per continuare a replicarsi. Il dottor Aboobaker ha constatato che i vermi piatti riescono a mantenere attive le estremità dei loro cromosomi nelle cellule staminali adulte, il che li conduce all'immortalità teorica. Anche Il dottor Thomas Tan nei suoi esperimenti ha trovato un modo per comprendere il "trucco molecolare" che permette alle cellule di replicarsi per un tempo indefinito, senza che le estremità cromosomiche si accorcino. Infatti anche uno studio precedente, con il quale venne conseguito il Premio Nobel 2009 per la Fisiologia e la Medicina, aveva dimostrato che i telomeri potevano mantenere più a lungo l'attività di un enzima chiamato telomerasi. Nella maggior parte degli organismi che si riproducono sessualmente l'enzima è attivo solo durante lo sviluppo. Gli esperimenti hanno identificato una versione del gene che codifica questo enzima e hanno represso la sua attività, ottenendo come previsto una ridotta lunghezza del telomero. Ciò che ha sorpreso il team di ricerca del Dr. Aboobaker è che la riproduzione sessuata dei vermi piatti non sembra mantenere la lunghezza dei telomeri come in quelli che si riproducono asessuatamente: *"I vermi piatti asessuati hanno mostrato la potenziale capacità di mantenere la lunghezza dei telomeri. I nostri dati corrispondono ad una delle nostre ipotesi su cosa sarebbe necessario affinché un animale diventi immortale ed è possibile che questo scenario evolva. I prossimi obiettivi prevedono di ana-*

lizzare i meccanismi più dettagliatamente e capire infine come diventare animali immortali".

Il professor Douglas Kell, direttore esecutivo del BBSRC, ha dichiarato: *"Questa ricerca entusiasmante contribuisce in modo significativo alla nostra comprensione di alcuni processi fondamentali coinvolti nell'invecchiamento e costruisce solide fondamenta per migliorare la salute e la longevità in altri organismi, compresi gli esseri umani".*

A questo punto non possiamo esimerci dal collegare questo studio con le informazioni derivate dai testi antichi e menzionate all'inizio, vale a dire il concetto di immortalità o comunque di una straordinaria longevità dei patriarchi e dei primi esseri creati dagli Elohim. Non siamo sicuramente i primi ad ipotizzare che in molte cronache antiche, ancora considerate miti, vi sia una chiara descrizione di un progetto "creativo" tecnologico molto simile alla clonazione, quindi la creazione di esseri viventi tramite un processo indubbiamente "asessuato".

Se l'intuizione del team del Dr. Aboobaker si dovesse dimostrare corretta, è indubbio che l'interpretazione letterale dei testi antichi molto probabilmente ci ribadisce ancora una volta che il "mescolamento" genetico per via sessuale ha provocato una "caduta" o meglio una "cacciata" dall'Eden, con tutte le conseguenze del caso.

20

L'INTUIZIONE
DI FRANCIS CRICK SULL'RNA...
NON È POI COSÌ PEREGRINA...

CHE COSA E' IL microRNA?

I microRNA (miRNA) sono piccole molecole endogene di RNA non codificante a singolo filamento riscontrate nel trascrittoma di piante, animali ed alcuni virus. Regolano l'espressione genica in maniera sequenza-specifica, cioè devono garantire che queste operazioni siano eseguite nell'ordine corretto. Si compongono di 21/25 nucleotidi e sono a singolo filamento. La regolazione dell'espressione da parte dei microRNA (miRNA) avviene generalmente dopo la trascrizione genica, che in biologia molecolare è il processo mediante il quale le informazioni contenute nel DNA vengono trascritte enzimaticamente in una molecola complementare di RNA. Pare comunque che alcuni miRNA siano anche in grado di influire sulla trascrizione. Nell'uomo sono stati ad oggi identificati circa 400 geni miRNA, che potenzialmente sono in grado di regolare l'espressione del 30% dei geni presenti nel genoma. Alcuni miRNA regolano decine di mRNA bersaglio e alcuni di questi mostrano un'espressione strettamente tessuto-specifica.

Tra le funzioni riconosciute dei geni per i miRNA, vi è il controllo della proliferazione cellulare, della apoptosi (morte cellulare programmata), del metabolismo dei lipidi (reazioni chimico-fisiche di trasformazione di oli e grassi), del patterning neuronale (modellamento neuronale) e della differenziazione delle linee emopoietiche (= la formazione e maturazione di tutti i tipi di cellule del sangue, a partire dai loro precursori).

Contro il tumore è possibile usare i microRna come silenziatori genetici?

Il tumore si può combattere con delle piccole sequenze simili al Dna, i microRna: a dare la notizia Clara Nervi, professore del Dipartimento di Istologia ed Embriologia Medica dell'Università La Sapienza di Roma, durante un convegno organizzato presso l'Istituto Superiore di Sanità a Roma. La scoperta, che apre scenari di ricerca estremamente promettenti, è in fase di sperimentazione clinica e ha già dato ottimi risultati sulle metastasi ossee del tumore alla prostata, la seconda causa di morte per cancro negli Usa dopo quello al polmone. I microRna sono delle sequenze molecolari composte dalle stesse unità chimiche che compongono il Dna. Se costruite ad hoc, possono legarsi in modo sufficientemente stabile a specifici tratti del Dna stesso, chiamati geni, impedendo loro di funzionare. Come dei tappi, li isolano, bloccando la loro attività. Poiché i tumori sono delle degenerazioni delle cellule dovute ad alterazioni a livello genetico che le rendono immortali, spegnere i geni (in gergo silenziarli) significherebbe agire alla radice del problema. Il risultato è frutto di anni di studi sulla terapia genica e possiede un potenziale enorme. Il silenziamento di quei geni costituisce infatti, almeno in teoria, la medicina specifica per molti tipi di tumore. Gli esperimenti condotti hanno anche dimostrato come, disattivando il microRna, il gene si riattivi immediatamente.

Ad ulteriore conferma della diretta relazione che intercorre tra microRNA e sviluppo di tumori, si è visto che la funzione di alcuni specifici microRNA sia ridotta o assente in molte malattie, anche nei tumori del sangue. Francesco Grignani dell'Università di Perugia, inoltre, ha annunciato l'individuazione di alcuni particolari 'circuiti integrati', ovvero dei sistemi molecolari accoppiati dove l'attivazione di un elemento genera a cascata, come in un domino, l'attivazione di tutto il sistema. In particolare, in alcuni di loro un microRNA interagisce con un fattore di trascrizione, ovvero una proteina che si lega in modo specifico ad un tratto di Dna, attivando o disattivando il processo di produzione delle proteine cellulari. Per questa sua funzione, è di fatto lui a scegliere lo stato 'on/off' del gene stesso.

21

TANTI STUDI SUL microRNA
E NESSUNO CHE LI CORRELA?

Trovata forse una cura per il cancro che non richiede chemioterapia?

I ricercatori della Clinica Mayo trovano un modo possibile per riportare le cellule alla normalità.

Una nuova ricerca pubblicata a fine novembre 2015, suggerisce che è possibile ripristinare la normalità cellulare e impedire che le cellule cancerogene si replichino in modo incontrollato. *"Rappresenta una nuovo capitolo nella biologia, che fornisce il codice ed il software per bloccare il cancro"*, ha detto il ricercatore Panos Anastasiadis, del Dipartimento di Biologia Oncologica del Mayo Clinic Comprehensive Cancer Center (Clinica Mayo di Jacksonville, Florida, Stati Uniti). Citiamo da "Nature Cell Biology": *"gli scienziati hanno scoperto che la "colla" che tiene unite le cellule è regolata da microprocessori biologici chiamati microRNA. Quando tutto funziona normalmente, i microRNA istruiscono le cellule dicendo loro di smettere di dividersi quando si sono replicate a sufficienza. Lo fanno scatenando la produzione di una proteina chiamata PLEKHA7, che spezza i legami cellulari, ma nelle cellule cancerose questo processo non funziona. Gli scienziati hanno*

scoperto che possono "accendere" il cancro nelle cellule ri-
muovendo i microRNA dalle cellule ed evitando che queste
producano la proteina. Così facendo però è anche possibile
invertire il processo e fermare la proliferazione cancerogena. I
MicroRNA sono piccole molecole che possono essere trasmesse a cellule tumorali, per cui un'iniezione per aumentarne i
livelli potrebbe "spegnere" la malattia. Anche se i primi test
sembrano promettenti, non è ancora chiaro se il metodo aiu-
terà a curare tutte le proliferazioni tumorali".

- 22 -

IMMORTALITÀ FISICA
O SOLO DELL'ANIMA?

UNO STUDIO RIVELA CHE SIAMO STRUTTURATI PER PENSARCI IMMORTALI

Nonostante la consapevolezza della morte, gli esseri umani sono concepiti per pensare a loro stessi come immortali. Secondo uno studio condotto alla Boston University, questa convinzione è parte della natura umana e si sviluppa durante l'infanzia. Alcuni ricercatori pensano che sia possibile studiare scientificamente le inclinazioni religiose, comprendere gli aspetti universali della cognizione umana e la struttura della mente.

L'anima immortale.

Uomini e donne di tutto il mondo, indipendente dalla fede religiosa o dalla cultura, sono certi (tranne qualche rarissima eccezione) che la nostra essenza più intima sia immortale. Uno studio condotto da un gruppo di ricercatori della Boston University, guidato da Natalie Emmons, ha fatto luce sulla diffusa credenza che l'anima trascende la morte del corpo fisico. Gli scienziati pensano che tale convinzione emerga in noi nei primi anni di vita ed è parte della nostra natura umana, piuttosto che una nozione imposta alla persona da una cultura o una credenza religiosa. La scienza che si è occupata di questo aspetto ha sempre supposto che le persone sviluppino la credenza nella vita dopo la morte attraverso l'esposizione culturale o l'istruzione religiosa, ma la ricerca della dottoressa Emmons ha mostrato che le idee sull'immortalità emergono invece dalla nostra intuizione, che è completamente slegata dagli imprinting religiosi e culturali. Lo studio è stato realizzato intervistando 238 bambini Ecuadoregni, provenienti da culture molto diverse. Questa zona del Sud America infatti è stata ritenuta un buon terreno di ricerca in quanto era possibile studiare individui provenienti da situazioni culturali diametralmente opposte. Nei principali contesti culturali esaminati, quello indigeno e quello cattolico, non sono presenti idee che prendano in considerazione un tempo di pre-vita: questa era una premessa importante per poter verificare il parere dei bambini sul tempo prima del concepimento. I ricercatori hanno pensato che se le influenze culturali sono fondamentali per la credenza nell'immortalità, entrambi i gruppo di bambini, indigeni e cattolici, avrebbero dovuto rifiutare l'idea che la vita possa esistere in qualche forma prima della nascita biologica. La Emmons ha mostrato ai bambini una serie di disegni nei quali erano raffigurati: un bambino, una giovane donna e la stessa donna durante la gravidanza. Poi ha fatto loro una serie di domande sui pensieri e le emozioni durante ogni periodo. I risultati sono stati sorprendenti, in quanto entrambi i gruppi hanno dato risposte molto simili. I bambini hanno giustamente sostenuto che il corpo non esisteva prima della nascita e che non avevano la capacità di pensare o di ricordare. Tuttavia, entrambi i gruppi hanno anche detto che le emozioni e i desideri del bambino esistevano prima della sua nascita! *«Anche se i bambini avevano conoscenze biologiche sulla riproduzione, sembravano convinti che l'individuo esistesse precedentemente in una forma eterna e che tale forma comprendesse emozioni e desideri»*, spiega la Emmons. Quindi, secondo il parere dei bimbi, non è tanto la nostra capacità di pensare ad essere eterna, ma i nostri desideri e le nostre emozioni, cioè quello che sentiamo.

Lo studio, pubblicato sulla rivista Child Development, si inserisce in un crescente campo di ricerca teso ad esaminare le radici cognitive della religione. *«Lo studio dimostra che è possibile per la scienza studiare il credo religioso»*, ha sottolineato Deborah Kelemen, professoressa associata di Psicologia presso la Boston University e coautrice dello studio. *«Allo stesso tempo, ci aiuta a comprendere alcuni aspetti universali della cognizione umana e della struttura della mente»*. Studi simili sulla possibilità di una vita ultraterrena ha rivelato che bambini e adulti comunemente ritengono che alcuni bisogni corporali (come la fame) e le emozioni continuino in qualche forma anche dopo la morte, a prescindere dalle culture di provenienza. L'idea che l'anima sopravviva al di fuori del corpo, sebbene non sia scientifica, è profondamente naturale. *«Io studio queste cosa per vivere. So che la mia mente è un prodotto del mio cervello, ma mi piace ancora pensare a me stessa come qualcosa di indipendente dal mio corpo»*, conclude la Kelemen.

L'ONTOGENESI

(dal greco: óntos = 'ente' + genesi = 'creazione') e "I geni della forma".

Lo sviluppo del corpo umano, come quello di ogni altro organismo superiore, è un processo complesso e altamente regolato che porta alla formazione di un individuo adulto a partire da una singola cellula. Con il passare del tempo e con l'aumentare del numero delle cellule che compongono il futuro organismo, accanto all'azione dei geni diviene sempre più importante l'influenza dell'ambiente che circonda ogni singola cellula e l'intero organismo. Le cellule, in altre parole, si parlano e si scambiano segnali che ne modulano e ne condizionano l'espressione genica. Alcuni di tali segnali sono anche stimolati e modulati dalle situazioni dell'ambiente nel quale l'organismo in questione si sviluppa. Dalla prima cellula dunque ne scaturiranno altre per formare una popolazione e, successivamente, cominceranno a manifestare disomogeneità. Questa disomogeneità interna andrà poi aumentando e vari gruppi di cellule acquisiranno una loro identità sempre più spiccata: questo processo viene denominato "differenziamento". Ben presto l'embrione acquisirà in "abbozzo" tutti i caratteri del futuro individuo e differirà da questo solo per le dimensioni e per il grado di maturazione di alcune sue parti. Nella specie umana questo stadio viene raggiunto già alla quarta settimana, dopo poco più di quindici giorni dall'insediamento dell'embrione nell'utero materno. Ma come sono state elaborate le istruzioni per arrivare in così breve tempo alla definizione di un organismo complesso, composto da miliardi di cellule appartenenti a qualche centinaio di tipi diversi di tessuti, partendo da un singolo zigote? Questo miracolo è compiuto grazie al complesso di geni che sono presenti all'interno di ogni singola cellula. Questi geni sono copie perfette di quelli presenti nella cellula uovo fecondata, da cui tutto è partito. Questi geni, a loro volta, derivano conformemente in parti uguali, dai geni presenti nelle cellule dei genitori. Non tutti i geni hanno "qualifiche" dello stesso grado, ce ne sono infatti alcuni che dettano istruzioni di carattere generale ed altri che contribuiscono alla definizione dei dettagli; ed è proprio su questo punto che la genetica deve ancora arrivare ad una piena ed univoca comprensione. Che cosa hanno bisogno di sapere le cellule di un organismo in via di sviluppo? A tutt'oggi siamo arrivati a capire che ognuna di queste cellule necessita di almeno due tipi di istruzioni generali:

1) istruzioni di tipo istologico

2) istruzioni di tipo posizionale.

Le prime servono ad indirizzare la cellula verso il proprio destino, di cellula nervosa o di cellula muscolare o di cellula epatica. Le seconde servono ad indirizzare la cellula verso un determinato distretto corporeo. Se il destino istologico di una cellula è quello di diventare una cellula muscolare, dovrà anche sapere se si tratterà del muscolo del braccio o di quello della gamba. Le cellule dunque, una volta raggiunta la specializzazione, devono ricevere l'informazione "posizionale" dagli specifici geni preposti a questo. I più recenti studi in questo campo ci hanno fornito importanti indizi sulla codificazione dell'informazione posizionale. Si è intuito, ad esempio, che nelle nostre cellule esistono circa una quarantina di geni che decidono l'esatta posizione della testa, la posizione delle spalle, del petto, dell'addome, delle braccia e delle gambe. Questi geni sono chiamati "omeogeni" (dal greco omoîos = simile) della famiglia HOX e sono allineati l'uno accanto all'altro in regioni specifiche dei nostri cromosomi.

Sorprendentemente è stato osservato che sono presenti anche in specie molto meno evolute della nostra, persino nel moscerino della frutta, la Drosophila melanogaster. Sono indubbiamente geni che hanno subìto una considerevole pressione selettiva: questo significa che sono geni che assolvono a compiti indispensabili in tutte le specie. Nell'uomo, il loro ordine dovrebbe corrispondere all'ordine delle regioni del corpo che ognuno di loro controlla: il gene più a destra, sul cromosoma, controlla la testa, il secondo il collo, il terzo le spalle, fino all'ultimo a sinistra, che controlla la parte più estrema del tronco. A questa corrispondenza fra la posizione dei vari geni e la localizzazione delle regioni che questi controllano, farebbe riscontro la co-linearità temporale. Il primo gene a destra si attiverebbe per primo nel corso dello sviluppo, il secondo lo seguirebbe dopo qualche ora, poi partirebbe il terzo e così via finché, un paio di giorni dopo, anche l'ultimo a sinistra farebbe il suo dovere. Su tutto questo meccanismo, però, non abbiamo ancora raggiunto uniformità di vedute, poiché qualcos'altro (ancora non compreso) interferisce a suo piacimento nell'intero meccanismo. Tuttavia, una delle scoperte più interessanti in tale ambito è stata la constatazione che queste famiglie geniche sono incredibilmente conservate, cioè strutturalmente simili, in tutti gli organismi studiati. Ciò rappresenta, quindi, una delle più importanti dimostrazioni della discendenza comune degli organismi: questi geni, che hanno un ruolo chiave nel controllo della forma biologica, sono infatti stati osservati e studiati sia negli Insetti, sia nei Mammiferi. E ritorniamo senza ombra di dubbio all'intuizione di Francis Crick sulla "Panspermia diretta", in una Terra dove forme di vita fatte di RNA avessero preceduto nel tempo quelle fatte di DNA, RNA e proteine. Questo concetto, comunque, ci fa intuire anche che il pianeta, il nostro pianeta Terra, ha un'importanza fondamentale come "organismo" vivente e pensante, oltre che madre e nutrice, fondamentale per la vita, lo sviluppo e l'evoluzione; proprio come l'ambiente dell'utero materno, in grado di instaurare un legame "simbiotico" e non solamente fisico.

- 24 -

LA MORFOGENESI

Dobbiamo quindi riconoscere che, nonostante i grandi progressi scientifici, l'osservazione che i processi di acquisizione di forma (morfogenesi) negli organismi viventi non sono stati ancora del tutto compresi. Nonostante si sia arrivati a "sequenziare" completamente il genoma di molte specie viventi, non è stato ancora possibile comprendere pienamente i processi di morfogenesi, cioè il meccanismo con cui un essere vivente acquisisce la sua forma. Abbiamo visto che, in linea di principio, si conoscono geni che controllano, ad esempio, il numero degli arti negli animali e negli insetti, oppure il numero di lobi nelle foglie, ma in realtà non abbiamo ancora individuato senza ombra di dubbio i "geni della forma", cioè quelli che dirigono lo sviluppo spaziale di un embrione nelle tre dimensioni; ma soprattutto quali sono i fattori "esterni" che ne coordinano le attivazioni. In realtà il DNA contiene il codice di sequenza delle proteine, ma tutt'altra cosa è il passaggio dalle proteine alla vera e propria morfogenesi. "*Il genoma contiene le informazioni per la formazione delle proteine che costituiscono i mattoni e il cemento con cui l'organismo viene costruito, ma non spiega in che modo questi elementi vengano a comporsi in particolari modelli e for-*

me. Il progetto della costruzione - per continuare la metafora edilizia - non è un tipo di informazione ancora rinvenuta nel genoma". Qual è il meccanismo per cui, a partire da determinate proteine, le cellule, i tessuti e soprattutto gli organi si organizzano nello spazio? Il modo in cui lo fanno è regolare e stabile nel tempo fra le generazioni, quindi si deve ammettere che esiste un tipo di informazione di tipo "ereditario", ma non contenuta nel genoma. Sappiamo che il genoma contiene tutte le informazioni relative ai tipi di cellule che possono servire ad un organismo, le informazioni in base alle quali un tessuto può differenziarsi, ma non quelle necessarie a definire la forma di un organo. Infatti è sufficiente osservare che le cellule di uno stesso tipo, in coltura, possono formare solo masse indifferenziate, al massimo possiamo verificare la formazione di abbozzi di tessuto.

Ad esempio, i miocardiociti (le cellule che compongono il tessuto muscolare cardiaco striato) in coltura, con tutti i fattori di crescita opportuni, possono aggregarsi in una formazione che riproduce il tessuto del cuore, ma non potranno mai arrivare a formare un cuore completo (a prescindere dal fatto che un organo comprende cellule e tessuti di tipi differenti). Il motivo è essenzialmente che i tessuti sono prevalentemente (ma non sempre) strutture amorfe, mentre gli organi richiedono per la loro funzione una indispensabile "conformazione spaziale" che ne condiziona l'attività. Ora, nella morfogenesi non è il genoma che da solo dirige lo sviluppo e la differenziazione, perché le cellule del miocardio, se così fosse, conterrebbero tutta l'informazione sufficiente ad ottenere un cuore completo, così come da cellule staminali possiamo ottenere un organismo intero e completo. Questa semplice osservazione ci basta a comprendere che non può essere il solo genoma contenuto nella cellula a dirigere lo sviluppo e la morfogenesi: questa può avvenire infatti solo in presenza di una cosiddetta "unità completa vivente", come espresso molto bene nel concetto di "olos" (dal greco: ὅλος = "la totalità). E' infatti lo stesso organismo vivente (e non un certo numero incoerente di cellule) a dirigere il proprio sviluppo utilizzando i "fondamentali" forniti dalle proteine e, indirettamente, dall'RNA e dal DNA. Serve dunque ipotizzare (ma sarebbe più corretto ormai esserne certi) un campo informativo e ordinatore di natura non genomica, a cui gli embrioni di una data specie accedono per attingere le informazioni relative alla forma. Già nel testo dell'Uomo Kosmico (Marco La Rosa - OmPhi Labs Edizioni, 2015) viene esaustivamente trattato l'argomento sull'ormai riscontrato aumento della "neghentropia" cosmica, ovvero la tendenza all'ordine, effetto sicuramente dovuto alla peculiare attività della vita come costante cosmologica e non come casualità. Curioso e non meno importante è notare come le fasi dello sviluppo (secondo la sequenza numerica di Fibonacci o la sezione aurea o i frattali) si riscontrino non solo nel DNA, ma anche, ad esempio, in cosmologia, nella conformazione delle galassie. Tuttavia, qualora ci si ponesse nell'ottica d'un cambiamento di paradigma, si otterrebbe un modello interpretativo di enorme portata, che ci avvicinerebbe a comprendere perché nel mondo fisico, sia vivente che inorganico, ci siano forme "privilegiate" e strutture ricorrenti.

25

IL CAMPO MORFICO

Queste ed altre osservazioni devono indurci a considerare le teorie del biologo inglese Rupert Sheldrake, (già ampiamente esposte sia in: "L'Uomo Kosmico", sia nel: "Risveglio del Caduceo dormiente" di Marco La Rosa – OmPhiLabs Edizioni, 2014-2015), che ha introdotto i concetti di causalità formativa e di campo morfogenetico. Sheldrake teorizza che esistano dei "campi informazionali veicolatori", diversi da quelli della fisica classica: *"Quello di cui si occupa la mia teoria sono i sistemi naturali che si organizzano da soli e riguarda la causa della forma. E la causa di tutte queste forme, per me, sono campi che organizzano, campi che definiscono, che io chiamo 'campi morfogenetici', dalla parola greca che significa forma"*. Si tratta d'un tipo di struttura non-fisica (o strumentalmente non rilevabile), necessaria tuttavia a spiegare i processi dei regni naturali e non, fino al comportamento di gruppi animali ed a particolari attività umane. Possiamo paragonare questo concetto all'entelechia aristotelica (dal greco ἐντελέχεια). Il termine fu coniato da Aristotele per designare la sua particolare concezione filosofica di una realtà che ha iscritta in se stessa la meta finale verso cui tende ad evolversi. È infatti composto dai vocaboli en + telos, che in greco significano rispettivamente "dentro" e "scopo", a significare una sorta di "finalità interiore". Secondo la teoria di Sheldrake, tutti i membri di una classe naturale accedono a un campo di informazioni, comuni alla propria specie, che ad esempio sono in grado di guidare lo sviluppo tridimensionale degli embrioni. Il modo in cui gli individui di una specie attingono a questa "riserva" di informazioni è detto appunto "risonanza morfica".

Un concetto importante da anticipare (lo estenderemo meglio nel prossimo paragrafo) è l'indissolubile legame con il Pianeta che, come entità vivente, custodisce e distribuisce queste informazioni "vitali". Il campo informazionale è "inerente" a tutti i membri di una specie, si modifica in relazione alle esperienze (e all'evoluzione) degli stessi, trasferendo determinate informazioni adattative a tutta la specie, indipendentemente dalle barriere geografiche, ma (come vedremo dopo), non può estendersi oltre le fasce energetiche di Van Allen che circondano la Terra. Qualche esempio: in etologia animale sono stati osservati comportamenti spiegabili, appunto, solo in termini di risonanza morfica, come ad esempio il caso delle scimmie Macaca fuscata, presenti su molte isole del Giappone, in cui fu registrato negli anni '50 il famoso *fenomeno della centesima scimmia*. Sull'isola di Koshima una femmina, chiamata Imo, fu notata ripulire dalla sabbia, usando l'acqua del mare, le patate che gli etologi facevano trovare a queste scimmie per scopi di osservazione. Tale comportamento si diffuse rapidamente fra le altre scimmie per normale apprendimento imitativo. La cosa sorprendente fu osservare che, una volta raggiunta una certa "massa critica" di scimmie che avevano appreso quell'informazione, il nuovo comportamento si diffuse contemporaneamente a tutte le scimmie della specie, comprese quelle separate da limiti geografici invalicabili, come quelle presenti su altre isole: era entrato, quindi, nel "campo morfico" della specie. In seguito, osservazioni di questo tipo divennero piuttosto frequenti in varie specie animali, ad esempio le cinciarelle, che appresero a togliere la lamina di alluminio dalle bottiglie di latte. In quest'ultimo caso, non solo tale comportamento si diffuse rapidamente dall'Inghilterra ad altri paesi del continente, pur essendo le cinciarelle dei volatili stanziali, ma tornò ad essere praticato dopo che la distribuzione delle bottiglie, sospesa durante la Seconda Guerra Mondiale, riprese; in tale periodo dovevano essere spariti tutti gli individui della generazione che aveva appreso quel comportamento. Tuttavia esso tornò ad essere manifestato anche più rapidamente rispetto alla prima volta! Si può inoltre notare come persino le nuove molecole modifichino la loro capacità di cristallizzazione. Sembrerebbe normale pensare che una molecola organica o inorganica cristallizzi sempre in base alle sole leggi chimico-fisiche. Questo può valere per il cloruro di sodio o altre sostanze che esistono da milioni di anni. Ma per quanto riguarda i nuovi composti di sintesi, l'esperienza e la dimestichezza con il laboratorio indicano una realtà sorprendentemente differente! La glicerina, ad esempio, fu scoperta da Carl Scheele nel 1779 e fu sempre un composto liquido, nessuno riusciva a farla cristallizzare. Nei primi anni del XIX secolo, quando essa era ormai impiegata da diversi decenni per la produzione di esplosivo, avvenne che un barile di glicerina cominciò a formare cristalli nel trasporto da Londra a Vienna. Da quel momento in tutti i laboratori, contro la supposizione che la glicerina non potesse cristallizzare, questa sostanza cominciava a dare origine a forme di cristallo, sempre più facilmente, via via che questo fenomeno si ripresentava. Oggi non sorprende più che la glicerina cristallizzi e il suo punto di cristallizzazione è a 17 °C. Ugualmente possiamo dire del trealosio (un disaccaride), che per decenni rimase liquido e solo nel 1920 cominciò a formare cristalli; attualmente esso si presenta in forma cristallina già a temperatura ambiente. E' un'evidenza che tutti i chimici, manipolando un nuovo composto, incontrino una certa difficoltà a farlo cristallizzare, processo che avviene spesso lentamente e con basse rese, le prime volte. Solo nel tempo il processo comincia ad avvenire. Ci sono composti che non cristallizzano per anni, poi questo fenomeno comincia a verificarsi ovunque, con la stessa facilità, in tutti i laboratori nel mondo. A questo proposito è curioso il caso dello xylitolo, dolcificante per chewing gum, sintetizzato nel 1891: non cristallizzò mai fino al 1942. Da quell'anno cominciò a comparire in cristallo con punto di fusione a 61 °C; in seguito, dopo alcuni anni comparve una seconda forma cristallina con punto di fusione a 94 °C. Poco dopo, la prima forma cristallina scomparve definitivamente. Il modo in cui emergono polimorfi cristallini mostra che *"la chimica non è senza tempo, essa invece è storicizzata ed evoluzionistica, come la biologia"* (R. Sheldrake, Science set free, 2012, Crown Publishing

Group, pag. 103) – (Marco La Rosa, L'Uomo Kosmico – cap. 8 La scienza ed i casi strani – Ed. OmPhi Labs 2014 – pag. 113-121).

Tutti questi esempi di osservazione, compresi quelli tratti dall'etologia animale, supportano pienamente il concetto di campo morfico, che è quindi l'unico mezzo in grado di fornire un "veicolo" alla nozione di sincronicità junghiana e pauliana (entaglement), perché in effetti il campo morfico mette in connessione sia lo sviluppo fisico che comportamentale, sia fatti oggettivi che fattori di tipo psichico e informazionale. *"Possiamo constatare quindi che la nozione di campo morfico di una specie, che correla al presente le esperienze passate dell'evoluzione, sia anche in stretto rapporto con la nozione junghiana di "inconscio collettivo".* I campi morfici, infatti, sono teorizzati come integrabili gli uni negli altri, in ordine gerarchico, proprio come l'inconscio collettivo, secondo la psicoanalista Marie-Louise von Franz, allieva e collaboratrice di Carl Gustav Jung.

26

TUTTO QUESTO
È STRETTAMENTE CORRELATO
AL "VINCOLO PLANETARIO"?

Non esiste branca delle leggi naturali senza una fonte esplicativa ulteriore nei campi morfogenetici. Pensiamo a ciò che concerne la struttura tridimensionale delle proteine, da cui dipende il loro funzionamento. Quando emersero per la prima volta, le molecole di proteine avrebbero potuto ordinarsi in un numero qualsiasi di modelli strutturali: sulla base delle leggi conosciute, in realtà non sappiamo prevedere nessuna di queste forme (struttura terziaria), come già Sheldrake ha rilevato. Attualmente la biochimica sostiene che le strutture terziarie delle molecole e i loro conformeri (geometria o disposizione spaziale degli atomi della molecola) dipendano dalle leggi della termodinamica: sarebbe cioè favorita la conformazione termodinamicamente più stabile. Tuttavia questo è semplicemente un dogma (effettivamente chiamato "dogma di Anfinsen", conosciuto anche come ipotesi termodinamica di Anfinsen, postulato della biologia molecolare espresso dal premio Nobel per la chimica nel 1972 Christian B. Anfinsen), anche perché dovremmo modellizzare tutte le interazioni elettriche e il potenziale energetico di ogni conformero per verificare quale sia quello effettivamente il potenziale energetico più basso! Semplicemente in linea teorica si ritiene ragionevole presupporre che le proteine passino la maggior parte del tempo nel conformero termodinamicamente più stabile, tuttavia non ci sono prove che la proteina che esce assemblata dalle chaperonine (o HSP, macrostrutture che fungono da zona di assemblaggio delle molecole proteiche) siano effettivamente nel conformero termodinamicamente favorevole. L'accesso allo stato termodinamicamente favorevole a volte viene dirottato in favore di un'altra struttura favorita da un punto di vista cinetico. E' possibile anche che alcune molecole restino in una conformazione termodinamicamente non favorevole, per tempi indefinitamente lunghi, in uno stato detto "metastabile": ad esempio, nel caso in cui certe variazioni termiche o del potenziale elettrostatico non si modifichino (cosa perfettamente possibile, in un sistema vivente che tende per definizione all'omeostasi: dal greco ομέο-στάσις = *stessa fissità*; è la tendenza naturale al raggiungimento di una relativa stabilità interna delle proprietà chimico-fisiche, che accomuna tutti gli organismi viventi, per i quali tale stato di equilibrio deve mantenersi nel tempo, anche al variare delle condizioni esterne, attraverso dei precisi meccanismi autoregolatori). Dunque non è affatto certo che le molecole uscite dall'assemblaggio siano nel conformero termodinamicamente più stabile. Tutto ciò senza tener conto del paradosso di Levinthal, per il quale, dato l'alto numero di gradi di libertà dello scheletro di una proteina nativa, se questa dovesse passare attraverso tutti i rotameri possibili, anche solo impiegando pochi picosecondi (un picosecondo è un'unità di tempo pari ad un millesimo di miliardesimo di secondo, cioè ad un millesimo di nanosecondo: es. 3,3 picosecondi, approssimativamente, è il tempo impiegato dalla luce per percorrere un millimetro), impiegherebbe un tempo superiore all'età attuale stimata dell'Universo!

Nella realtà, una proteina esce ripiegata dall'HSP (zona di assemblaggio) dopo tempi di poche decine di secondi. E qui sorge il vero problema: quale memoria possiede la HSP per processare in tempi così brevi proteine così diverse, senza ricorrere a processi enzimatici specifici? Come fa un così basso numero di HSP (se ne contano all'incirca sei famiglie), utilizzando solo strutture non specifiche, a selezionare il conformero e il folding specifico di un numero enormemente alto (centinaia di migliaia) di differenti proteine? Nessun modello ordinario può davvero dare una risposta a questa anomalia, senza l'introduzione di un nuovo fattore. Non saremo mai in grado di spiegarlo per via termodinamica o biologico-molecolare semplicemente perché ciò è contro le leggi della probabilità! A questo punto risulta fondamentale introdurre un nuovo paradigma per procedere oltre. Peraltro, questo è il tipico esempio di memoria morfica (sia in relazione alla struttura delle proteine, sia alla loro interazione con le HSP). Un altro interessante fronte è quello noto come "genetica ondulatoria" (già trattata nel "Risveglio del Caduceo Dormiente" – Marco La Rosa – OmPhiLabs Edizioni, 2015), il programma di ricerca che fa capo al biologo molecolare russo Pjort Garajev. Secondo questi, il DNA è un serbatoio di informazioni molto superiore a quello finora preso in esame dalla genetica: infatti la genetica ondulatoria stabilisce il primato dell'attività energetico-informazionale, piuttosto che quella biochimica. Il DNA viene visto come un'antenna capace di trasmettere codici di informazione di natura soprattutto elettromagnetica e confermati dagli esperimenti del fisico Fritz-Albert Popp, che provano come questa molecola sia in grado di rilasciare fotoni coerenti. Il 98% di DNA attualmente definito "spazzatura" sarebbe, secondo Garajev, coinvolto in questo tipo di funzioni comunicative. In un esperimento pubblicato nel 1992, Garajev e Vladimir Poponin hanno mostrato come esponendo ad un laser un campione di DNA, i segnali di scattering (diffusione) indotti da questa molecola rimanevano stabili per un certo tempo anche in assenza di DNA, come se un "doppio" della molecola campione restasse ad influenzare il comportamento dei fotoni. Ciò sorprende molto, perché mostra un tipo di fenomeno di natura quantistica normalmente non prevedibile per ordini di grandezza superiori a quelli delle particelle subatomiche. Anche il premio Nobel per la Medicina Luc Montagnier e il fisico italiano Emilio Del Giudice hanno mostrato in studi successivi al 2008 come sequenze di DNA batterico rilascino segnali elettromagnetici a bassa frequenza, in grado di influenzare stabilmente l'ambiente acquoso, inducendo la formazione di nanostrutture. Sorprendentemente, queste nanostrutture erano in grado di ricreare la sequenza di DNA che le aveva "informate" attraverso l'attivazione di una DNA-polimerasi, pur in assenza della molecola fisica del DNA (fatto del tutto inesplicabile sulla base della teoria biochimica attuale). Del Giudice ha ipotizzato processi di fisica quantistica per cercare di spiegare il fenomeno. Il Dr. Massimo Corbucci, fisico e medico, con la teoria del "Vuoto Quanto Meccanico", anche questa già ampiamente enunciata all'interno dell'Uomo Kosmico (Marco La Rosa – OmPhiLabs Edizioni, 2014), arriva a darci importanti indizi e conferme che si correlano perfettamente alle suddette ipotesi. Gli aspetti di iper-comunicazione e di risonanza morfica si correlano altresì agli studi di Glenn Rein (*Effect of conscius intention on human DNA - Glen Rein, Ph.D., Quantum Biology Research Labs*) su come i processi "coscienti" possono dirigere e influenzare alcuni parametri fisici e biochimici del DNA (velocità di sintesi, riparazione, conformazione dell'elica). Altri esperimenti di Garajev hanno mostrato come segnali ondulatori di luce coerente proveniente da DNA sano potevano indurre riparazioni su DNA danneggiato da raggi X, in colture cellulari. Quale "substrato" è in grado di tradurre questi segnali biofisici in processi biologico-molecolari di riparazione? E quale tipo di interazione può spiegare gli effetti del pensiero cosciente sul DNA delle cellule tumorali studiate da Rein?

Possiamo affermare che tutto questo sia strettamente correlato all'appartenenza specifica al nostro Pianeta? Con il termine "VINCOLO PLANETARIO", si intende focalizzare l'attenzione sull'evidenza che la nascita, la crescita e l'evoluzione della vita (per come noi la conosciamo ed intendiamo) non può che strutturarsi nel grembo materno (cosciente e senziente) di "Gaia". Il Magnetismo naturale e la gravità sono una condizione ambientale costante e ineludibile, alla quale ogni essere vivente sulla Terra e molto probabilmente su tante "altre" Terre, si trova necessariamente esposto. Come già anticipato, anche le fasce di Van Allen hanno una loro fondamentale importanza in tutto questo discorso sulla vita, come i campi magnetici naturali. Sebbene il termine "fasce di Van Allen" si riferisca esplicitamente alle cinture energetiche che circondano la Terra, simili strutture sono state osservate, guarda caso, attorno ad altri pianeti per effetto dei rispettivi campi magnetici planetari. E' ormai da ritenersi un dato di fatto che il nostro DNA sia direttamente calibrato o sintonizzato (vedi similitudine dell'antenna) ed "influenzato" dal campo magnetico terrestre e l'uomo, nonché gli altri esseri viventi del pianeta, sono assolutamente legati a filo doppio con esso: un po' come un braccialetto elettronico, che delimita il movimento entro una precisa area o confine. Se usciamo da questo confine prestabilito... cominciano i guai. Ecco perché l'Uomo, ad esempio, non può allontanarsi (per troppo tempo) dalla Terra senza un simulatore di gravità e di campo magnetico, pena gravi problemi fisici (e psichici), nonché la morte. Questo può succedere anche qui sulla Terra, in determinate aree dove i campi magnetici naturali subiscono delle deflessioni od addirittura sono virtualmente assenti. Tornando agli studi di sopravvivenza nello spazio, dobbiamo precisare che lo stato di microgravità o zero-gravità si realizza quando altre forze controbilanciano quella gravitazionale. Per esempio, quando un veicolo spaziale, avendo raggiunto un'energia sufficiente per sfuggire al campo gravitazionale terrestre (velocità >11km•s–1), "cade" nello spazio con moto inerziale; ovvero quando, essendo stata impressa al veicolo una spinta tangenziale per immetterlo in un'orbita circumterrestre, la componente centrifuga radiale di tale forza controbilancia la gravità. L'effetto della gravità ha indotto negli esseri viventi adattamenti strutturali e funzionali importanti a livello sia cellulare (quindi nella genesi) sia dell'organismo nel suo complesso. Nel caso degli animali terrestri e dell'uomo in particolare, le strutture che hanno subìto i principali adattamenti sono il sistema scheletrico e il sistema muscolare (che si sono notevolmente modificati e rafforzati), l'apparato respiratorio e, particolarmente, per effetto della postura eretta, il sistema cardiocircolatorio. Inoltre, nel corso dell'evoluzione, nei vari organismi si sono sviluppate strutture specificamente sensibili allo stimolo gravitazionale e alle sue variazioni. L'abolizione della gravità, sia a breve che a medio - lungo termine, è suscettibile di modificare il complesso di adattamenti funzionali e strutturali messi in atto nel corso dell'evoluzione, con notevoli conseguenze che, per quanto riguarda l'uomo, costituiscono il principale oggetto di studio della fisiologia e della meccanica spaziale. Da quando è stato possibile realizzare, nello spazio prossimo circostante il nostro pianeta, condizioni sperimentali di microgravità (g = 10-n,6, il cosiddetto "quarto ambiente" dell'uomo) di lunga durata e immettervi cellule, microrganismi e organismi complessi, compreso l'uomo, si è venuto sviluppando un nuovo settore della ricerca, quello delle scienze della vita nello spazio. Tale area include tematiche disparate, quali l'esobiologia, la biologia cellulare, la biologia evolutiva, la biofisica delle radiazioni, la fisiologia animale e umana, lo sviluppo di sistemi di supporto per la vita, nonché la produzione e separazione di molecole immunoreattive, di ormoni, enzimi e vaccini (bioprocessing). Gli esperimenti di genetica molecolare sui cosiddetti "organismi modello" in bassa gravità (per intenderci, quelli effettuati sulle stazioni spaziali orbitanti) ci hanno dimostrato che la morfogenesi delle strutture viventi è stata pensata, generata e calibrata da "qualcuno", che ha predisposto nei minimi dettagli i "confini" specifici (i pianeti adatti), oltre i quali nessuna "Vita" sarebbe possibile: *"Esperimenti di riproduzione animale eseguiti nello spazio possono in parte aiutarci a trarre conclusioni sugli umani. La maggior parte degli animali si riproduce per uova (noi compresi) e la struttura dell'uovo o dell'ovulo contiene una grande quantità di acqua e una simmetria rispetto ad un asse. In alcuni animali, quali ad esempio la rana Xenopus Laevis utilizzata per gli esperimenti nello spazio, l'asse polare anticipa l'asse principale del corpo dell'embrione e la direzione di arrivo della piccola cellula spermatica contribuisce ad indicare la direzione in cui si svilupperà il dorso o il ventre dell'embrione stesso. Quando queste simmetrie vengono disturbate, come appunto in microgravità, anche dopo la fertilizzazione il tuorlo può spostarsi determinando cambiamenti nella struttura dell'embrione. Sulla base degli esperimenti realizzati, embrioni di Xenopus allevati nello spazio mostrano la loro perdita di simmetria, sviluppando una spina dorsale distorta e varie altre anomalie..."* (da: Astrobiologia: le frontiere della vita. La ricerca della vita extraterrestre – Giuseppe Galletta e Valentina Sergi – Hoepli, 2009).

27

ANCHE I NON VEDENTI SOGNA-NO...

di Giorgio Pattera

"La Verità è sotto gli occhi di tutti,
ma solo chi ha l'animo libero
è in grado di riconoscerla".

Nella letteratura occidentale, Omero (seconda metà del secolo IX a.c.) è il primo autore che ci parla del sogno. Più tardi, Eràclito (535-475 a.c.) sullo stesso argomento scrive: "Chi è desto, possiede un mondo unico e comune; ma nel sonno ciascuno si volge a un suo mondo particolare".

Ma chi è nato cieco cosa sogna? Appurato che anche i non vedenti congeniti sognano esattamente come i vedenti, è normale porsi un'altra domanda: come fanno i ciechi a vedere (seppur in sogno) cose che non hanno mai visto nella realtà? Chi è cieco dalla nascita, come può raccontare le immagini dei propri sogni e descriverle dettagliatamente? E le immagini stesse, sono elementi linguistici trasformati in sensazioni visive o nel patrimonio genetico della specie umana è racchiuso una sorta di *archivio iconico*? Dare una risposta a questi interrogativi non è facile, anche perché significherebbe riuscire a scrutare in profondità i meccanismi percettivi e indagare su ciò che di immateriale potrebbe essere trasmissibile dai genitori ai figli, la cosiddetta "ereditarietà della memoria parentale" (cfr. *"Parental origin"*, in *"American Journal of Medical Genetics"*). (1)

Per il non vedente congenito, quindi, anche di giorno c'è solo il buio: non c'è il mare, non ci sono le montagne, gli alberi, il cielo o i volti di madre e padre. Eppure di notte, con gli occhi chiusi, affiorano forme, colori, figure umane e paesaggi naturali, immagini del mondo reale fino ad allora nascoste in qualche luogo misterioso: tutto quello, cioè, che i normodotati hanno visto, vedono e sognano...

Dell'interrogativo riguardante le **modalità in cui sognano le persone non vedenti** si sono occupati i ricercatori del "Laboratorio del Sonno" della Facoltà di Medicina dell'Università di Lisbona. Gli studiosi sono giunti ad un'incredibile ed inaspettata conclusione, scoprendo che, durante la fase REM del sonno, **i sogni** delle persone non vedenti dalla nascita... **sono uguali a quelli dei vedenti!**

Lo studio dell'Università portoghese, pubblicato sulla rivista scientifica inglese *"Cognitive Brain Research"* e premiato al congresso della *Società Europea di ricerca sul Sonno*, ha integrato e superato con nuovi metodi di analisi i precedenti studi in materia, che trattavano l'argomento solo dal punto di vista psicologico. I ricercatori, infatti, hanno utilizzato strumenti di misurazione dell'attività onirica sia qualitativi che quantitativi, arrivando a stabilire che i non vedenti, nei loro sogni, visualizzano le immagini proprio come noi, seppur non ne abbiano mai avuto esperienza tangibile. L'**inconscio onirico** – questo il nome ufficiale dell'universo iconografico che popola i nostri sogni – è **uguale per tutti**, vedenti e non. Se fino a qualche tempo fa si riteneva che coloro che sono ciechi dalla nascita non disponessero dello stesso "repertorio" delle persone vedenti, la ricerca portoghese ha provato il contrario. Helder Bértolo, biofisico responsabile dello studio, afferma che, come per i vedenti, anche nella *fase REM* del sonno dei non vedenti si attiva la **corteccia visuale occipitale**, ovvero quella parte del cervello deputata all'elaborazione delle immagini. Ciò significherebbe che, anche nei ciechi, l'attività onirica è **visuale**.

Altra "prova" del carattere visuale dei sogni dei soggetti non vedenti dalla nascita è scaturita, sempre nello stesso studio, dalla cosiddetta **analisi grafica dei disegni sui sogni**, realizzati dai volontari (sia ciechi che non) subito dopo il risveglio. I ricercatori hanno verificato che, presa come esempio la "silhouette" della figura umana, disegnata da vedenti e non, l'analisi grafica mostra come, su ben 51 linee comuni d'identificazione, l'unico elemento discordante si ritrova nel dettaglio delle orecchie, che i non vedenti disegnano nettamente più grandi (probabilmente perché toccate nel processo di riconoscimento di una persona).

Si tratta di un risultato sorprendente, ma solo in apparenza, se si ricorda che già nel 1978 il ricercatore americano **Michael Jacobson** spiegava che, dal punto di vista neurofisiologico, nei ciechi congeniti il processo di *"validazione funzionale"* non procede alla specializzazione dei neuroni, che quindi rimangono potenzialmente audio/tattilo/visivi. Ed è proprio questa facoltà neotenica (= capacità biologica di conservare i caratteri non specializzati e immaturi di una specie) che consente la *sinestesia*, cioè la possibilità di percepire simultaneamente uno stesso oggetto per mezzo di sensi diversi.

Si pensa, infatti, che le immagini possano generarsi dalla **"cooperazione"** tra l'attività della corteccia visuale con l'attività degli altri organi sensoriali, quali tatto, udito, olfatto e gusto. Tuttavia non si esclude che l'essere umano possieda una sorta di **banca dati di immagini "innate"**, utilizzate per preservare la specie.

La comunità scientifica, per ora, si limita a formulare ipotesi. Ma le ricerche proseguono...

(1) – Questo argomento richiama i concetti dell'*Epigenetica* (dal greco επί, epì = "sopra" e γεννετικός, gennetikòs = "relativo all'eredità familiare"), termine coniato nel 1942 da Conrad Waddington (1905-1975), ma già ipotizzato da Aristotele (384-322 a.C.). Si riferisce ai cambiamenti che influenzano il fenotipo, senza alterare il genotipo. L'Epigenetica, infatti, è la branca della Genetica che studia tutte le modificazioni ere-

ditabili che variano l'espressione genica, pur non alterando la sequenza del DNA. Si tratta, quindi, di fenomeni ereditari, in cui il fenotipo è determinato non tanto dal genotipo ereditato in sé, quanto dalla sovrapposizione al genotipo stesso di *"un'impronta"*, che ne influenza il comportamento funzionale.

28

SIAMO FIGLI DELLE STELLE?

Eredità extra-cromosomica e determinazione della personalità

di Giorgio Pattera

«Che il cielo faccia "qualcosa" all'uomo è ovvio, ma che cosa in particolare rimane un mistero».

Giovanni Keplero, l'uomo che formulò le leggi del moto planetario, rispondeva in questo modo a chi gli chiedeva di pronunciarsi sull'Astrologia, quella che egli chiamava "la figliastra dell'Astronomia".

Tutti credono che il grande astronomo, da uomo di scienza qual era, fosse un violento oppositore dell'Astrologia: ma non è vero. Anzi, dedicava una parte del suo tempo agli studi astrologici, per guadagnarsi da vivere (evidentemente, allora come ora, la Scienza, quella ufficiale, non rendeva...) e, oltretutto, sembra che fosse abbastanza preciso nelle sue "predizioni".

Egli era convinto che "qualche utile e sacra conoscenza" si celasse dietro la moltitudine di profeti, indovini (e ciarlatani) di cui pullulava già allora l'umano consesso: "La credenza popolare nell'influsso delle costellazioni sulle caratteristiche della personalità umana deriva in primo luogo dall'esperienza di millenni di storia ed è così convincente che può essere denigrata solo dalla gente che non l'ha mai esaminata".

I concetti che andremo ad esporre in questo articolo non vogliono certamente avere la pretesa di squarciare, una volta per tutte, quel velo di mistero di cui parlava il matematico di Weil, bensì vanno interpretati come ipotesi di lavoro, dal punto di vista biologico, sulla reale possibilità di influenza da parte dei cicli cosmici sulla trasmissione delle "informazioni", al momento della fusione tra i gameti. In altri termini, il discorso va focalizzato (a nostro avviso) non tanto sulla nascita, bensì sul concepimento: il problema si sposta quindi di nove mesi (questo perlomeno in condizioni "standard"), ma è ben lungi dall'essere risolto. Vediamo come si potrebbe fare...

La Genetica insegna che il corredo cromosomico delle cellule umane è costituito da 46 cromosomi, suddivisi in due serie omologhe di 23 esemplari ciascuna. Tuttavia l'ultima coppia (la 23°, per l'appunto) differisce per il fatto che nelle cellule appartenenti ad individui di sesso femminile troviamo un assetto di tipo "XX", mentre in quelle maschili l'assetto risulta di tipo "XY". Questo è valido per le cellule somatiche (diploidi = 2n), mentre in quelle germinali (aploidi = n) il processo di "dimezzamento" del corredo cromosomico (meiosi) che si verifica in esse conduce alla formazione, nell'ovocellula, di assetti "X" al 100%, mentre nello spermatozoo si equivalgono quelli "X" (50%) e quelli "Y" (50%). Ne consegue che, per quanto riguarda la determinazione del sesso del nascituro, la "responsabilità" è solo del maschio.

Ma non è di questo che vogliamo parlare. Sappiamo che, al momento della fusione dei gameti, il patrimonio paterno e materno si riuniscono in un'unica neo-cellula, lo zigote, e che le "informazioni" che andranno strutturando via via il feto sono trasmesse mediante i cromosomi. I quali, com'è noto, sono sempre gli stessi (parliamo, ovviamente, di cromosomi integri), in qualunque parte dell'anno avvenga l'accoppiamento tra i partners. Come si può spiegare, allora, l'indiscutibile affinità (nel carattere, nelle attitudini e, a volte, perfino in alcune conformazioni somatiche) degli individui nati, ad es., tra il 21 aprile ed il 20 maggio (segno del Toro) ? O, per meglio dire, quelli concepiti più o meno nello stesso periodo, ma in media nove mesi prima di vedere la luce (il momento della nascita è palese; molto più complicato risulta risalire a quello del concepimento, ovviamente...).

A questo punto entra in gioco un secondo tipo di eredità, non legata ai cromosomi e per questo denominata "eredità extracromosomica".

La Biologia insegna che la cellula (il "mattone" costituente tessuti ed organi) è formata, in estrema sintesi, dal nucleo (depositario dei cromosomi e quindi dell'eredità legata alla specie), dal citoplasma circostante e dalla membrana, che la separa dalle altre consorelle e ne consente gli interscambi. Nel citoplasma sono disperse altre particelle (diverse dal nucleo e denominate orgànuli o corpuscoli), alcune di importanza fondamentale per il metabolismo cellulare ed altre più o meno direttamente interessate alla trasmissione dei caratteri ereditari generali (plastidi, mitocondri, ecc.). Già a partire dalla fine del secolo scorso, infatti, molti illustri genetisti hanno preso in seria considerazione l'ipotesi che il citoplasma possa essere sede di fenomeni ereditari e che questo aspetto dovesse essere sottoposto a controllo sperimentale. Al termine del quale è stato accertato che la trasmissione di informazioni per via citoplasmatica riveste un ruolo importante nei fenomeni dell'induzione e del differenziamento embrionale (es.: il colore delle foglie in Mirabilis jalapa, la comune e profumatissima " bella di notte ").

Alla luce di quanto esposto, considerato che in entrambe le cellule germinali umane è presente una certa quantità di citoplasma (significativa nell'uovo, meno consistente nello spermatozoo), siamo giunti a dimostrare che non è assurda l'ipotesi secondo cui la trasmissione di alcune caratteristiche ereditarie possa essere indipendente dai cromosomi e legata più precisamente al citoplasma.

Ma perché tanta attenzione concentrata sul citoplasma cellulare ? Per il fatto che la cellula, da cui si è sviluppata la Vita sul nostro pianeta, si comporta come un apparecchio radio in grado di captare, in funzione del moto periodico della Terra nell'orbita ellittica intorno al Sole, le "trasmissioni" di frequenze elettromagnetiche provenienti dal Cosmo. Elucubrazioni fantascientifiche ? Forse; o forse no...

Il Dr.Eugen Jonas, ginecologo e psichiatra, direttore del Centro di Ricerche sul Controllo Astrologico delle Nascite della città di Nitra (Slovacchia), ha compiuto un'interessante studio statistico, della durata di un anno, su 1.252 donne ricoverate presso il suo Centro. I risultati dell'indagine, pubblicati in lingua inglese, hanno evidenziato che in 1.214 donne (pari al 97% del "pool" in esame) la vitalità dell'embrione è influenzata in gran parte dalla posizione di determinati corpi celesti al momento del concepimento.

Il Prof. Wlodzimiers Sedlak dell'Università di Lublino (Polonia) affermò che "...La Vita è un'onda elettromagnetica, generata in un mezzo di semiconduttori proteinici. Si potrebbe parlare, riguardo al metabolismo cellulare, di *conversione reciproca tra fonti diverse di energia*, piuttosto che di trasformazione di materia in energia. Il problema della natura della vita può, in ultima analisi, ridursi ai concetti di plasma e di *campi elettromagnetici...*".

Nel 1967 il Dr. Inyushin (biofisico) e il Dr.Grishchenko (ingegnere), dell'Università di Stato di Alma Ata (Kazakhstan), postularono per primi l'esistenza del **BIOPLASMA** e ne determinarono le caratteristiche: " E' un sistema organizzato estremamente complesso, matrice del "campo elettrico biologico" o *biocampo*, una specie di "ologramma congelato", ogni frammento del quale possiede una caratteristica delle proprietà essenziali dell'intero organismo. Il *bioplasma*, dunque, è una struttura variabile in cui si distribuiscono parecchie specie di onde elettromagnetiche, acustiche e (forse) gravitazionali. Il suo stato energetico dipende dal "respiro del cosmo": il bioplasma, in altri termini, non può "respirare" se non in sintonia col ritmo del Cosmo".

Secondo lo staff del Dr. Inyushin, quindi, la cellula umana è un'emittente di radiazioni elettromagnetiche, distinguibili in: (a) - onde idrodinamiche, provenienti dal plasma cellulare formato da *eccitòni* (elettroni eccitati) e di "buchi" di elettroni (assenza di elettroni) (b) - onde di frequenze luminose dello spettro visibile e non visibile (c) - onde acustiche infrasoniche *plasma* = 4° stato ionizzato della materia, a livelli energetici più alti degli altri tre (solido, liquido, gassoso) *bio-plasma* = lo stesso concetto precedente, applicato alle strutture biologiche *cito-plasma* = plasma racchiuso nelle cellule degli organismi viventi Le diverse parti della cellula emettono frequenze differenti: il nucleo emette luce invisibile UV fra 1900 e 3300 Å, mentre i mitocondri (corpuscoli cellulari ad alta densità ionica, deputati alla conversione enzimatica delle sostanze nutritive in energia) emettono luce rossa visibile fra 6200 e 6800 Å (fig. 1).

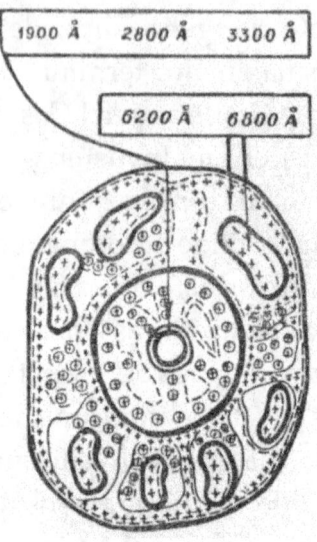

FIG. 1

Secondo i ricercatori Russi, quindi, il bioplasma è strutturato con un alto grado di **ordine** (quello che i fisici chiamano "basso livello entropico") ed emana un campo elettrico, il *biocampo*. Queste prerogative lo distinguono dal plasma semiconduttore non biologico e potrebbero dare una conferma scientifica a molte credenze mistico-tradizionali dell'Uomo. Per esempio, il Dr. Viktor G. Adamenko dell'Università di Mosca si è detto convinto che il bioplasma sia coinvolto nell'agopuntura, nella terapia laser e nel trasferimento di energia fra guaritore e paziente nel processo di "imposizione delle mani" (pranoterapia), una forma di guarigione non certo sconosciuta nell'ex-Unione Sovietica, nonostante gli indiscutibili accostamenti a sfondo spiritualistico che questa diffusissima pratica ancor oggi implica.

Per la soluzione di molti misteri, come per l'appunto l'interpretazione scientifica dell'influenza astrale sul carattere delle persone, occorre quindi non trascurare i possibili influssi cosmobiologici provenienti dalla ionosfera, dal Sole ed oltre. Lo Spazio che circonda la Terra è pieno di energie pulsanti, nessuna delle quali è interamente conosciuta dall'Uomo.

Quello in cui viviamo è un Universo di movimenti perpetui in ogni direzione, in cui **nulla**, dalle particelle subatomiche ai pianeti, **è mai in condizioni di riposo**. La vita sulla Terra è nata sotto queste condizioni e si è progressivamente adattata ad esse: l'Uomo sbaglia, quando si adagia in quell'effimero senso di sicurezza che gli deriva dall'apparente costanza e regolarità dell'ambiente cosmico. Il quale è tutt'altro che costante e regolare e, oltre certi limiti, neppure prevedibile.

Esistono correlazioni energetiche diverse dai fotoni (= la luce visibile) tra la Terra e il Sole, alcune anche molto forti: ad es. tra l'attività solare e le condizioni elettromagnetiche terrestri; a queste ultime, com'è noto, sono strettamente legati gli effetti su piante, animali e uomini.

L'Uomo, come tutte le creature viventi, è un sistema elettromagnetico immerso in un ambiente elettromagnetico, da cui, volente o nolente, conscio o inconscio, non può isolarsi. Un evento che si origina da un lontano "quasar" può essere collegato ad un evento nel nostro cervello; quest'ultimo risponde in molti più modi di quelli che può *coscientemente* identificare. Il nostro non è un Universo composto di "parti" isolate; noi siamo costituiti dello stesso materiale di cui è fatto il Cosmo e rispondiamo alle stesse forze che guidano e formano il Tutto. Una stella, un pianeta e l'acqua (idrogeno e ossigeno) che costituisce per il 75% il nostro organismo sono in continua risonanza.

Il fatto che alcune energie che ci pervengono dallo spazio esterno sono cicliche indica che altrettante nostre azioni future sono preordinate. L'efficacia delle forze invisibili non è funzione della loro forza o della loro debolezza: possiamo resistere a raffiche di vento in grado di sradicare un albero, se siamo preparati a fronteggiarle, mentre possiamo risentire mentalmente o fisicamente di un'improvvisa variazione di quantità o qualità di energia, così debole da non poter essere percepita coi nostri sensi né rilevata dalle apparecchiature più sofisticate. Una luce che non possiamo vedere (ultravioletto) o una frequenza acustica che non possiamo udire (ultrasuono) possono arrecarci danni irreparabili...

Concludendo questo breve saggio con una similitudine presa a prestito da questa era traboccante di tecnologia, possiamo paragonare la Terra ad un'apparecchiatura radioricevente, lo spazio cosmico ad un'antenna che veicola i messaggi elettromagnetici e l'Universo ad una stazione trasmittente. Ogni punto dell'orbita ellittica che il nostro pianeta percorre intorno al Sole corrisponde alla "sintonia fine" della stazione ricevente: in tal modo la Terra è in grado di captare, in ognuno di questi punti, "informazioni" sempre diverse, informazioni che di conseguenza, come il "testimone" in una staffetta, verranno trasmesse mediante il citoplasma delle cellule germinali alla generazione futura, nell'attimo del concepimento.

La qual cosa, ovviamente, è tutta da dimostrare...

" La scoperta consiste nel trovare quello che è sempre stato lì, ma la cui conoscenza è stata sepolta sotto una rigida crosta di matrice convenzionale, che ingabbia i pensieri in un circolo vizioso ". (KOESTLER).

29

LA TEORIA DELLA *"MENTE ESTESA"*

di Giorgio Pattera

Perché l'uomo cerca da sempre il contatto con un'entità superiore? Molteplici e contraddittorie sono state le risposte dei teologi, dei filosofi e degli psicologi lungo i secoli.

I neurologi Andrew Newberg ed Eugene d'Aquili, dell'Università della Pennsylvania, hanno proposto una spiegazione, ad un tempo, semplice e rigorosa: la pulsione religiosa affonda le radici nella _neurobiologia._ Dopo lunghi studi sulla fisiologia e la funzione del cervello, i due ricercatori americani hanno esaminato con le moderne tecniche di scansione le reazioni di due differenti tipi di persone credenti, buddhisti tibetani e suore francescane. Ciò che hanno scoperto è che, durante gli stati di intensa esperienza mistica, la regione dell'encefalo posteriore viene come sottoposta a un "black-out", così che "l'assorbimento dell'io all'interno di qualcosa di più vasto non deriva da una costruzione emotiva, ma scaturisce da eventi neurologici". E concludono: "Il cervello umano è stato geneticamente configurato per stimolare la ricerca del Sovrannaturale". Credente o non credente, chiunque intenda indagare la vera natura dell'Uomo si trova di fronte a qualcosa di nuovo, a un'originale delucidazione del cervello e delle sue attività, quando entra in gioco l'esperienza d'un Ente supremo.

I fatti:

Nel corso dell'esperimento del 1999, Newberg chiese ad un gruppo di volontari (composto da monaci buddhisti e suore cattoliche francescane) di lasciare i loro conventi e di meditare in una stanza oscura, presso l'University of Pennsylvania Hospital. Coloro che accettarono, si sedettero in una stanza illuminata da poche candele, con un pulsante in mano ed una flebo fissata nel braccio; dopodiché avrebbero iniziato a meditare o a pregare. Dopo circa un'ora, al momento in cui si stava verificando un picco di trascendenza (corrispondente al raggiungimento del culmine della meditazione o dell'ascesi mistica), i soggetti avrebbero premuto il pulsante. Questo era l'indicazione per Newberg, seduto in una stanza adiacente e collegato all'altro capo del sensore, di somministrare un liquido di contrasto attraverso la flebo. Qualche istante dopo, i soggetti partecipanti all'esperimento vennero sottoposti a fMRI (risonanza magnetica nucleare funzionale), da cui emerse che il liquido radioattivo si era localizzato in una zona del cervello, denominata "lobo parietale superiore posteriore", che gli autori del test chiamano "area associativa dell'orientamento". La medesima reazione venne rilevata nell'identica porzione cerebrale, sia a carico dei credenti sia dei non-credenti. L'area del cervello associata con la concentrazione, la Attention Association Area (AAA) [Area dell'Associazione e dell'Attenzione], mostrava un'accresciuta attività nei soggetti preganti, in confronto a quelli non-preganti. Ma la scoperta che provocò la maggiore eccitazione, fu che le informazioni neurologiche dirette verso l'Orientation Association Area (OAA) [Area dell'Associazione e dell'Orientamento] si erano grandemente ridotte, o "de-afferentizzate".

La OAA, situata in cima alla sezione posteriore del cervello, è quella parte responsabile dell'orientamento del corpo nello spazio fisico. Uno dei modi con cui tale orientamento viene determinato, è definire chiaramente i limiti del corpo di un individuo, cioè distinguere quello che è "l'io" dal "non-io". Se quest'area non disponesse di alcuna informazione sensoriale per svolgere il suo compito, la logica conseguenza sarebbe che l'individuo non potrebbe determinare dove finisce se stesso e comincia il resto del mondo.

Si reputò questa mancanza del senso fisico di sé molto simile a ciò che si tramanda a proposito dell'unione mistica con il "Superiore", senza contare della testimonianza resa dai soggetti meditanti sul loro sentirsi un "tutt'uno" con l'universo.

A questo punto è indispensabile introdurre il concetto di

STATO ALTERATO DI COSCIENZA

Cosa s'intende, sotto il profilo neuronale e comportamentale, per "stato alterato di coscienza"? Banalmente l'interrogativo viene liquidato con la classificazione "dare di matto" o "essere fuori di testa": e quest'ultima, anche se enfatizzata in modo qualunquistico, è forse quella che si avvicina di più alla definizione scientifica della situazione...

"Andare fuori di testa", letteralmente, dovrebbe equivalere ad "uscire" da questa: ma "uscire" cosa (impiegando impropriamente l'accezione verbale, in modo transitivo)? Nella testa cos'è racchiuso? Il cervello, che di conseguenza, fisicamente, non può espandersi, perché limitato dalla rigidità della teca cranica. Pertanto si può parlare di "espansione" solo riferendosi ad una delle innumerevoli (e non ancora tutte mappate) funzioni cerebrali, vale a dire la COSCIENZA (o consapevolezza percettiva).

In conclusione: l'espansione della coscienza. Come e quando è possibile esplicare l'espansione della coscienza? Allorché questa, spontaneamente (per dote naturale intrinseca) o mediante sollecitazioni esterne (che vedremo in seguito) "esce" da uno stato "normale" (= nella norma, cioè nel "range" standard delle osservazioni statistico-fisiologiche), per entrare in uno stato "alterato" (dal latino alter = *diverso, che non è lo stesso*).

«Gli stati alterati di coscienza sono chiavi di accesso per incamminarsi lungo la "trance", cioè per trans-ire (= passare al di là della normale realtà percepita e dell'ordinario)...».

Ma che cos'è "ordinario" e, soprattutto, cos'è la "coscienza"?...

A queste domande l'Uomo ha sempre cercato delle risposte e nemmeno gli studiosi più accaniti hanno saputo dare una spiegazione. Analizzando il problema ci accorgiamo che tutto questo ha a che fare con quello che noi chiamiamo "Anima", la parte sottile della nostra esistenza che assicurerà, forse, l'eterna permanenza del nostro "Io" in qualche parte degli Universi possibili.

La coscienza e l'anima stanno _dentro_ di noi, mescolate e intrise alla nostra "fisicità", bilocate tra il mondo fisico e quello sottile, al di qua e al di là della materia e dei mondi, tra i quali è possibile stabilire un contatto. Come? Passando "oltre", calandoci il più possibile in noi stessi, per scoprire il paradosso della vita; l'Universo non è fuori di noi, ma dentro, ed è calandoci dentro che passeremo fuori, al di là di ogni cosa.

In ogni situazione in cui i processi che costituiscono la coscienza (come la memoria, la percezione, l'attenzione, le emozioni) non lavorano più in modo "normale", si entra in ciò che viene definito "stato alterato _dell'ordinario_ stato di coscienza". Pur essendo difficile effettuare una netta distinzione tra uno stato alterato e uno stato ordinario, quest'ultimo lo si può considerare come quello stato in cui un soggetto si trova mentre svolge le normali attività della vita quotidiana, è perfettamente consapevole delle azioni che sta compiendo e si rende conto di ciò che gli accade intorno. Lo stato alterato è quello in cui il soggetto _non_ è consapevole dell'ambiente circostante, oppure ha un controllo parziale o nullo dei suoi sensi, a tal punto da percepire in modo "diverso" le sensazioni e tutto ciò che vede o accade.

Essendo una fisiologica condizione dell'organismo, ogni individuo nel corso della sua vita può avere l'esperienza di uno "stato alterato".

In definitiva, si entra in uno stato alterato della co-scienza quando si è esposti a quei meccanismi che possono "alterare" (= rendere diverso) il normale funzionamento dell'attività di tutti i processi cognitivi e che determinano, quindi, una modificazione della consapevolezza di sé e del mondo circostante».

"Solo la persona che non satura l'ignoto né con i precetti d'una Religione, qualunque essa sia, né con quelli della cosiddetta Scienza può mettersi seriamente in ascolto dei messaggi che incessantemente pervengono da oltre il confine di ciò che è noto, cercando di interpretarli e decifrarli".

In conclusione, quanto detto dovrebbe far riflettere, specialmente quelle pseudo-istituzioni che si arrogano il diritto, come se fosse tramandato loro per regale concessione, di infangare i fenomeni quantistici insiti nell'Uomo, definendoli "scherzi di natura o fenomeni da baraccone, atti ad abusare della popolare credulità".

30

IL PROBLEMA DEL METODO NELL'INDAGINE SCIENTIFICA

di Giorgio Pattera

Il metodo scientifico è la modalità tipica con cui la scienza procede per raggiungere una conoscenza della realtà *oggettiva, affidabile, verificabile* e *condivisibile*. Esso consiste, da una parte, nella raccolta di dati empirici sotto la guida delle ipotesi e teorie da vagliare; dall'altra, nell'analisi matematica e rigorosa di questi dati, associando cioè, come enunciato per la prima volta da Galileo Galilei, le «sensate esperienze» alle «dimostrazioni necessarie», ossia la sperimentazione alla matematica.

Nel dibattito epistemologico si assiste in proposito alla contrapposizione tra i sostenitori del metodo induttivo e quelli del metodo deduttivo. L'approccio scientifico è valutato diversamente anche in base al suo campo di applicazione, ossia se si riferisce alle scienze naturali, o viceversa a quelle umanistiche.

Il Metodo deduttivo ed il metodo induttivo

Due sono i Metodi che hanno caratterizzato la storia della scienza, il metodo deduttivo ed il metodo induttivo.

Deduzione

- E' un procedimento per il quale, da premesse date, seguono necessariamente alcune conclusioni. Procede da affermazioni universali ad affermazioni particolari. L'esperienza non ha alcun ruolo, si fonda sull'intelletto.

Induzione

- E' un procedimento che procede da affermazioni particolari ad affermazioni universali. Si fonda sull'esperienza.

Metodo deduttivo

Generale ⟹ Particolare

Metodo induttivo

Particolare ⟹ Generale

Metodo deduttivo e metodo induttivo

Sebbene la paternità ufficiale del metodo scientifico, nella forma rigorosa sopra definita, sia attribuita storicamente a Galileo Galilei, studi sperimentali e riflessioni filosofiche in merito hanno radici anche nell'antichità, nel Medioevo e nel Rinascimento.

Secondo Frédéric Kerlinger esisterebbero comunque delle differenze peculiari tra il metodo scientifico ed altri metodi per raggiungere la conoscenza della verità. Egli elenca, citando altri autori, quattro metodi variamente usati per acquisire la conoscenza:

- *Metodo della tenacia*: si sa che una cosa è vera perché su di essa si fonda la nostra vita e perché si continua a dire che è vera.

- *Metodo dell'autorità*: una cosa è vera perché stabilita tale da una autorità riconosciuta (la Bibbia, un grande profeta, un grande scienziato, una organizzazione affidabile).

- *Metodo a priori* (o metodo dell'intuizione): una cosa è vera se è in accordo con la ragione, che per naturale inclinazione tende alla verità.

- *Metodo della scienza*: per mezzo del quale la nostra sicurezza di sapere è determinata non da qualche fattore umano ma da una realtà esterna, permanente e non influenzata dal nostro pensiero. In questo senso, il metodo scientifico è lo studio *sistematico, controllato, empirico* e *critico* di ipotesi sulle relazioni intercorrenti tra vari fenomeni.

In forte disaccordo con l'idea che si possa attingere con sicurezza il sapere dalla realtà esterna, in maniera induttiva, al riparo dalle deformazioni del nostro pensiero, si schiera invece Popper, secondo il quale noi possiamo vedere solo ciò che la nostra mente produce: una teoria può essere sottoposta a controlli efficaci e dirsi scientifica solo se formulata *a priori* in forma deduttiva. La peculiarità del metodo scientifico consiste nella possibilità di falsificarla, non nella presunzione di "verificarla".

Con Galileo Galilei (1564-1642) è stato introdotto il metodo sperimentale: esso si basa su una prima osservazione, seguita da un esperimento, sviluppato in maniera controllata, *in modo tale che si possa riprodurre il fenomeno che si vuole studiare*. L'esperimento ha lo scopo di convalidare o confutare l'ipotesi che lo scienziato ha formulato, ipotesi che ha lo scopo di spiegare i meccanismi alla base di quel particolare evento.

Nel primo caso (convalida dell'ipotesi) si procede con l'esecuzione di un gran numero di esperimenti, in maniera tale che i risultati acquisiti siano attendibili (analisi statistica): i dati raccolti vengono elaborati e successivamente viene formulata una teoria: quest'ultima viene utilizzata, spesso insieme ad altre teorie, per formulare una legge. La teoria ipotizza la causa o le cause all'origine di un fenomeno mentre la legge descrive un fenomeno che avviene con una certa regolarità.

Nel secondo caso (rigetto dell'ipotesi) l'ipotesi viene modificata e sottoposta a nuovi esperimenti.

Il metodo scientifico si basa su alcuni presupposti, ad esempio che gli eventi naturali osservati hanno delle cause precise ed identificabili, che ci sono degli schemi utilizzabili per descrivere quanto accade in natura, che se un evento si verifica con una certa frequenza alla base c'è la stessa causa, che ciò che una persona percepisce può essere percepita anche da altri, che si applicano le stesse leggi fondamentali della natura, indipendentemente da dove e quando si verificano determinati eventi.

Il metodo scientifico o sperimentale si articola in due fasi:

- fase induttiva (cioè dallo studio di dati sperimentali si giunge alla formulazione di una regola universale)
- fase deduttiva

La fase induttiva si divide inoltre in:

- osservazioni e misure (in questa fase si utilizza la strumentazione opportuna e si raccolgono i dati)
- formulazione di un'ipotesi, si tenta cioè di spiegare il fenomeno, mediante la "lettura" dei dati sperimentali.

La fase deduttiva si distingue in:

- verifica dell'ipotesi (si sottopongono i dati ad una verifica rigorosa, si fanno delle controprove, ecc.)
- formulazione di una teoria, nel caso in cui l'ipotesi venga confermata.

In pratica il metodo scientifico è un modo di conseguire informazioni sul meccanismo di eventi naturali proponendo delle risposte alle domande poste: per determinare se le soluzioni proposte sono valide si utilizzano dei test (esperimenti) condotti in maniera rigorosa.

La rigorosità del metodo scientifico risiede nel fatto che *una teoria non è mai definitiva ma è suscettibile di modifiche o di sostituzioni, qualora vengano alla luce nuovi aspetti non ancora considerati. Il metodo scientifico richiede una ricerca sistematica di informazioni e un continuo controllo per verificare se le idee preesistenti sono ancora supportate dalle nuove informazioni. Se i nuovi elementi di prova non sono favorevoli, gli scienziati scartano o modificano le loro idee originarie. Il pensiero scientifico viene quindi sottoposto ad una costante critica, una modifica ma anche ad una rivalutazione: è questo che lo rende così grande ed universale.*

Esempio di metodo scientifico: l'esperimento di Pasteur sul carbonchio (1881).

Il chimico francese Louis Pasteur (1822-1892) condusse nel 1881 un drammatico esperimento. In pratica, utilizzò il *Bacillus anthracis*, agente infettivo responsabile del carbonchio (conosciuto anche come antrace), attenuato mediante un agente fisico (coltura a 42-43°C: la crescita a tale temperatura ne attenua la virulenza) e lo inoculò successivamente in un certo numero di pecore. La sua idea era verificare l'origine batterica della malattia, contrariamente a quanto affermato da una *gran parte della comunità scientifica del tempo, la quale attribuiva il carbonchio all'inalazione dei miasmi ambientali, quindi ad una causa di tipo chimico.*

Osservazioni:

le pecore si ammalavano dopo aver trascorso del tempo sui campi infetti;

le pecore si ammalavano se venivano messe a contatto con il materiale in decomposizione presente sui campi o derivante da altri animali malati;

nel sangue delle pecore malate era presente un organismo unicellulare a forma di bastoncello (osservabile al microscopio).

Scopo dell'esperimento:

Dimostrare se il responsabile del carbonchio era il *Bacillus anthracis* (isolato dal medico tedesco Robert Koch) oppure i miasmi ambientali.

Ipotesi

Forse le pecore potevano acquisire l'immunità qualora fossero venute a contatto con il bacillo attenuato, cioè la cui infettività era stata ridotta mediante un reattivo chimico.

Esperimento
Pasteur selezionò dapprima 60 pecore:

10 di esse furono tenute da parte ed isolate: ciò serviva da controllo;

25 furono sottoposte all'inoculazione (vaccinazione) del bacillo attenuato per ben 2 volte (il 5 maggio 1881 e il 17 maggio 1881);

25 non furono vaccinate.

Successivamente (31 maggio 1881), ai due gruppi di pecore da 25 individui fu iniettata una coltura virulenta di carbonchio, cioè ricca di bacilli non attenuati ma perfettamente vitali.

Pasteur verificò pubblicamente, il 2 giugno 1881, che:

- del primo gruppo, quello delle pecore vaccinate, sopravvissero 24 individui su 25. Si registrò quindi un tasso di mortalità del 4%

- del secondo gruppo, quello delle pecore non vaccinate, ne sopravvissero 2 (moribonde); le altre risultarono decedute. Si registrò quindi un tasso di mortalità del 92%

Teoria

Il carbonchio era dovuto all'azione del *Bacillus anthracis*. La vaccinazione attiva le difese immunitarie e previene le malattie infettive.

31

DMT:
PASSAPORTO PER
DIMENSIONI PARALLELE?

di Giorgio Pattera

E' stato accertato che alcune sostanze endògene a spiccata azione psicomimetica, quali le encefaline e le endorfine, già sperimentate con successo sui ratti nel 1976, sono molto simili ai derivati dell'indolo, precursore di un importante mediatore chimico cerebrale, la serotonina. Questo amminoacido assume particolare importanza nel discorso delle "abductions", in quanto recenti studi ne hanno rilevato un abnorme incremento nel sangue degli individui sottoposti a presunti episodi di "rapimento" ad opera di entità aliene.

Tutte queste sostanze, che come s'è detto vengono prodotte autonomamente dal metabolismo umano, sono in grado di suscitare nell'organismo effetti particolari, a carico del sistema nervoso centrale, equiparabili a quelli prodotti da alcuni principi attivi isolati dai ricercatori, a partire dagli anni '50, in alcuni funghi (Psilocybe, Stropharia, Conocybe, Panaeolus) che crescono spontanei nel Messico meridionale.

I principi attivi presenti in questi funghi, chiamati in lingua locale TEONANACATL (= carne divina), sono stati chiamati per l'appunto psilocibina e psilocina ed erano utilizzati dalle popolazioni indigene, insieme ad altre sostanze allucinatorie, nei riti magici e divinatori. Descrizioni degli effetti provocati dall'assunzione di quei tipi di funghi si possono rintracciare nelle cronache degli storiografi che seguirono Cortés e Pizarro nelle loro conquiste in America centrale.

Gli studi combinati da parte di etnografi, botanici e farmacologi hanno appurato che l'introduzione *per os* di 10-15 mg. di psilocibina è sufficiente a provocare in un individuo adulto distorsioni della percezione spaziotemporale e disturbi neurovegetativi (quali nausea, cefalea, midriasi, bradicardia, ipotensione).

Gli effetti durano circa 2-4 ore.

Più recentemente alcuni neurofisiologi hanno dimostrato che una sostanza molto simile alle precedenti, sia chimicamente che farmacologicamente, denominata DMT (dimetiltriptamina), viene prodotta spontaneamente dal cervello umano. Anche se lo scopo per cui viene sintetizzata rimane per il momento oscuro, si è potuto accertare che la DMT è una delle sostanze più "fugaci" che siano mai state osservate nel corpo umano.

Rimane in circolo, infatti, per soli 5 minuti: se ne può rilevare la presenza nel fluido cerebrospinale, ma dopo questo breve lasso di tempo quantità anche considerevoli di essa vengono rapidamente riportate nell'organismo ai livelli di base. Raggiunge la massima concentrazione fra le 3 e le 4 del mattino, periodo che corrisponde di solito alla fase REM (Rapid Eye Movements) del sonno.

Nel maggio del 1997 l'etnobotanico Terence McKenna ha formulato una propria teoria circa la DMT e i suoi effetti sul comportamento umano. Egli sostiene che lo studio di questa sostanza, contenuta anche in alcune essenze vegetali che crescono nelle foreste amazzoniche (Psycotrio viridis, Desmenthacellanoianthus) e già note da tempo ad alcune tribù indigene della Colombia e dell'Ecuador, potrebbe dare un contributo non indifferente alle indagini sulle problematiche legate ai cosiddetti "rapimenti alieni", senza pretendere tuttavia che in questo risieda la spiegazione del fenomeno UFO.

Il Dr.McKenna afferma in buona sostanza che, una volta assunta la DMT, dopo circa 15 secondi si avverte la netta sensazione di "essere andati" d'improvviso in un luogo particolare, completamente diverso da quello in cui si era prima di entrare nello stato alterato di coscienza. Molte tra le persone che si sono volontariamente sottoposte alla sperimentazione della DMT hanno riferito di essersi ritrovate all'interno dei "dischi volanti" e di aver trascorso "tre minuti circa del <u>nostro</u> tempo" in mezzo a stranissime "macchine elfiche", manovrate da "piccole creature" dalla pelle grigia, dagli occhi grandi e dal cranio enorme, per poi essere ridepositate nel proprio appartamento quasi senza recare i segni dell'avventura. Immagini identiche, se ci facciamo caso, a quelle che da sempre riferiscono le popolazioni dedite, per tradizione culturale o necessità ambientali, al consumo di sostanze psicòtrope: dagli aborigeni australiani agli aztechi, dagli indios amazzonici ai maya, ecc.

In altre parole, attraverso gli effetti della DMT l'Uomo ogni notte, durante gli stati profondi del sonno, accede probabilmente ad altre dimensioni, che appartengono ad una realtà effettiva ma diversa da quella in cui si trova allo stato di veglia e di cui conserva, faticosamente, un vago ed ancestrale ricordo.

Insomma: gli Alieni esistono, ma possiamo comunicare con loro soltanto attraverso le nostre menti.

In questo piattino cinese del diciottesimo secolo, il fungo esprime il desiderio che chiunque mangi dal piatto, come gli Immortali che del fungo si nutrono, goda di longevità e addirittura di immortalità.

32

MELATONINA, TRAGHETTO PER L'INFINITO...

di Giorgio Pattera

Chi scrive ha avuto modo di occuparsi, in un recente passato [1], dei *neurotrasmettitori* (serotonina, dimetil-triptamina, encefaline, endorfine), cioè di quei neuro-peptidi ad azione psicoattiva, prodotti a livello encefa-lico e non solo, in grado di indurre nella "mente" dell'individuo uno *stato alterato di coscienza*, durante il quale sarebbe possibile (il condizionale è d'obbligo) accedere ad altre dimensioni, al di là di quella umana; dimensioni che abbiamo ipotizzato "parallele". Anche altri ricercatori (come Brian O'Leary) ritengono che solo mediante uno stato alterato di coscienza, tipo quello indotto dalle endorfine e dalla DMT, si possano supera-re barriere apparentemente insormontabili, quali spa-zio, tempo e dimensioni extra-reali [2].

([1]) = «La percezione visiva nei fenomeni paranormali», 1997; «DMT: passaporto per dimensioni parallele?», 1998; «Endorfine & impianti alie-ni: un connubio obbligato?», 1999

([2]) = «*It is possible that the mere act of inducing <u>altered states of con-sciousness</u> with regard to our inner space can create the extraordinarily*

Di conseguenza i suddetti mediatori chimici, come asserisce giustamente il Prof. Montecucco, si possono considerare come vere e proprie "molecole psichiche", in quanto non veicolano solo informazioni ormonali e metaboliche, ma anche emozioni e stati psicofisici (paura, ansia, dolore, ira, piacere), ciò che comunemente chiamiamo "sentimenti".

In altre parole, quando si prova piacere significa che il cervello produce sostanze che danno benessere; quando si è in depressione, è perché nel cervello vengono a mancare certe sostanze, com'è stato accertato anche nel caso delle tossicodipendenze; quando si ride, vuol dire che il cervello produce sostanze chimiche che inducono il buon umore: proprio per questo le endorfine sono state definite *"le molecole della gioia"*.

Prima di approfondire il presente studio, tengo a sottolineare un paio di concetti fondamentali: cosa *non è* la melatonina e cosa *non si deve intendere* per "stato alterato di coscienza". I mediatori chimici neuro-ormonali a produzione endògena (cui appartengono la melatonina e quelli citati in apertura) ***non sono allucinogeni***. Si de-

---

real experience of movement at will through space, time and other dimensions, just as our alleged UFO visitors appear to be able to operate with regard to outer space?» - Brian O'Leary (Ph.D. in astronomia a Berkeley - California University, consulente NASA per i progetti Apollo e Mariner)

finiscono allucinogene, infatti, quelle sostanze (comunemente definite *"droghe"*, quasi tutte di origine vegetale ed oggi largamente sintetizzate) che determinano nel soggetto una condizione patologica, devastante ed alla lunga irreversibile, che si esplica con la **percezione modificata della realtà**. Di grande aiuto per l'interpretazione dell'attività dei neuropeptidi, si è rivelata proprio la comprensione del meccanismo d'azione degli allucinogeni, che hanno avuto nella storia dell'umanità un'indiscutibile importanza nell'espansione della coscienza. Questo ha fatto comprendere ai neuroendocrinologi che nel sistema nervoso centrale dell'uomo esistono, in siti specifici, recettori e molecole atti all'espansione della coscienza, qualora vengano a contatto con sostanze psichedeliche. Esistono tuttavia altre sostanze, ugualmente naturali ma prodotte spontaneamente dalle strutture encefaliche, che interagiscono con gli stessi recettori d'ancoraggio degli allucinogeni introdotti dall'esterno: queste sostanze sono costituite per l'appunto dai neuropeptidi. La definizione **"stato alterato di coscienza"** sta ad indicare non una patologia, bensì una condizione transitoria in cui viene a trovarsi la psiche del soggetto. Soggetto non succube dell'effetto di droghe (naturali o sintetiche), ma che, mediante l'incremento temporaneo della produzione autonoma di neuro-ormoni, riesce ad "amplificare" la gamma delle proprie facoltà percettive dimensionali: un po' come se ad un televisore si consentisse di ricevere ulteriori frequenze... La *"Coscienza"*, infatti, viene intesa come la *"facoltà di percepire il significato di un'informazione"*; le informazioni creano la coscienza e l'alimentano. A sua volta la coscienza filtra le informazioni, le elabora e le confronta col data-base in suo possesso per giungere all'identificazione: gli psicologi, infatti, a seguito di studi approfonditi condotti nei laboratori di ricerca di tutto il mondo, sono giunti alla conclusione che *"la mente dell'uomo non dimentica alcun fatto od evento trascorso"*.

Cosa c'entra tutto questo, ci si potrebbe chiedere, con la tematica esobiologica in generale e con la ricerca di altre forme di vita intelligente nel Cosmo? La risposta è relativamente semplice, purché si accetti un assunto molto importante: l'approccio col problema dell'esistenza o meno di entità aliene e della loro presunta interferenza con le vicende umane va considerato parallelamente allo studio dell'uomo e in particolar modo delle sue facoltà psichiche regredite e/o sopite. A questo proposito va ricordato che le culture di tutte le civiltà, siano esse orientali o appartenenti al bacino del Mediterraneo, contemplano nei loro canoni il concetto secondo il quale *"esseri superiori, simili all'uomo e venuti dal cielo, colonizzarono la Terra, sulla quale dovranno ritornare..."*.

Ancora: recenti indagini demoscopiche, condotte sia negli Stati Uniti che in Europa, hanno evidenziato *con sorpresa* (ma non per gli esobiologi) che una percentuale molto alta delle persone interpellate, vicina al 60%, è fermamente convinta non solo dell'esistenza di altre forme di vita nel Cosmo, ma anche della loro presenza (attuale o trascorsa) sul nostro pianeta. Il sondaggio ha rivelato dunque che la questione extraterrestre è uno stato di consapevolezza, uno *status coscienziale* che, in quanto tale, non può che alloggiare nell'interiorità dell'uomo: e quindi *deve esistere la possibilità di sperimentarlo*. E in che modo sperimentarlo scientificamente, se non utilizzando il cervello? E se utilizziamo il cervello, è chiaro che in esso devono esistere delle strutture neurochimiche capaci di "traghettarci" sulle rive dell'infinito e dell'eternità. Finora ci eravamo occupati di quelle molecole psicòtrope, il cui incremento nell'organismo del testimone potrebbe costituire una condizione favorevole ai contatti del 4° tipo; contatti che vedono gli involontari protagonisti delle *"abductions"* ricoprire un ruolo del tutto passivo nei confronti delle presunte entità aliene.

Come mai, ora, siamo passati allo studio di un neurotrasmettitore che permetterebbe all'organismo di sintonizzarsi *"motu proprio"* con una nuova dimensione, diversa da quella umana, in cui probabilmente si muovono gli extraterrestri? Questa "inversione direzionale" è dovuta, manco a farlo apposta, proprio ad un'espansione di coscienza (quella dello scrivente), nel senso che fino a qualche tempo fa non ero a conoscenza di un interessante volume, «*Melatonina - ormone degli Dei*», scritto dal concittadino Dr. Giancarlo Rosati.

Epifisi, melatonina e "terzo occhio"

L'epìfisi (o *ghiandola pineale*) è un piccolo organo, a forma di pigna (da cui il nome), di circa 8 millimetri di lunghezza e di 150 milligrammi di peso, situato al centro dell'encefalo, fra i due emisferi. La possiamo localizzare tracciando una retta che, partendo dalla radice del naso, attraversa la fronte e s'incrocia con una seconda linea, tracciata a partire dall'orecchio esterno. E' singolare il fatto che numerosi protagonisti di "incontri ravvicinati" di 3° e 4° tipo, secondo la classificazione dell'astrofisico J.A.Hynek, sottoposti a radiografie del cranio per i motivi più svariati, hanno evidenziato "impianti" di natura sconosciuta (microchips) in corrispondenza della radice del naso. Fin dai tempi di Aristotele (384 – 322 a.c.) questo minuscolo ed apparentemente insignificante organo è stato oggetto di curiosa attenzione nella storia della medicina. L'esatta natura ed il suo significato, tuttavia, restano tuttora in gran parte sconosciuti. Molti tentativi sono stati fatti per identificare in essa una formazione dotata di funzione endòcrina specifica, ma sia le ricerche sperimentali che quelle cliniche non hanno ancora fornito dati sicuri; è forse per questo motivo che lo studio della straordinaria ghiandola è stato accantonato e trascurato per molto, troppo tempo. I mistici, i sensitivi e tutti quei soggetti dotati spontaneamente di facoltà paranormali (i quali, forse, albergano inconsciamente un'elevata capacità di secrezione melatoninica) hanno da sempre identificato la ghiandola pineale con il cosiddetto *"terzo occhio"*, in cui René Descartes (Cartesio), in epoca pre-illuministica, poneva la *"sede dell'anima"*. I paleontologi, ricostruendo il percorso evoluzionistico degli animali, hanno accertato che l'epìfisi nei vertebrati inferiori costituiva una sorta di "occhio termico", sensibile alla luce ed al calore (qualcosa di simile è rimasto - *occhio mediano o pineale* - nelle lamprede). Si tratterebbe quindi d'un "orologio biologico", controllato dalla luce, che lega l'organismo all'ambiente: in altre parole, la ghiandola consentirebbe all'organismo stesso di sopravvivere in ambienti diversi, modificandone le funzioni in rapporto alle condizioni circostanti; garantirebbe in fondo la sopravvivenza. Quella, in particolare, dei presunti "addotti", catapultati loro malgrado in una dimensione dai canoni non coincidenti con quelli vigenti sul nostro pianeta? La domanda ci sembra pertinente, anche se, almeno per il momento, è destinata a non ottenere risposta...

Attualmente le si vuole comunque attribuire un'influenza diretta sullo sviluppo psico-fisico dell'Uomo, attraverso una sua secrezione ormonale: la *melatonina*. La *melatonina*, chimicamente, è un derivato dell'*indolo* e viene sintetizzata nell'epìfisi a partire dalla *serotonina* (di entrambi questi precursori ci siamo già occupati nei lavori citati in precedenza). E' immessa in circolo in modo ritmico in funzione dell'alternanza luce-buio e la sua concentrazione, in tutti i mammiferi, è più elevata nelle ore notturne che in quelle diurne. Risulta pertanto un "sincronizzatore circadiano", in grado, fra l'altro, di minimizzare gli effetti perturbativi conseguenti al repentino cambiamento di fuso orario. Si è anche dimostrata capace di svolgere un'azione protettiva nei confronti dei radicali liberi, per cui le è stato conferito il ruolo di "detossificante naturale". Alcuni ricercatori avrebbero inoltre individuato in essa spiccate proprietà, tipiche dei neurotrasmettitori, quali l'influenza sul ciclo veglia-sonno, sulle reattività comportamentali, sulla regolazione immunologica dell'attività antitumorale, sulla termoregolazione e sulla senescenza cellulare. Indubbiamente gli studi sulla melatonina riserveranno ancora molte sorprese: proprio per questo essa continua a suscitare crescente interesse in campo medico e farmacologico. Oggigiorno, tuttavia, le preparazioni in commercio a base di melatonina risultano per lo più sottodosate, per cui, se da un lato ciò assicura l'assenza di effetti collaterali indesiderati, dall'altro non dovrebbe consentire di ottenere nulla di più che la regolazione del ciclo sonno-veglia. Ma alcuni ricercatori si spingono oltre, fino a sostenere che l'assunzione regolare e prolungata di opportune dosi di melatonina possa consentire l'accesso ad uno stato alterato di coscienza, la cosiddetta "coscienza superiore" o "coscienza espansa", riscontrata e riscontrabile fisiologicamente negli individui soggetti a "trance" (*dal latino transìre = andare oltre*) od "estasi mistica".

La produzione di melatonina, come nel caso delle endorfine, è inversamente proporzionale all'età: è massima nell'infanzia, ha una flessione nell'adolescenza e decresce sensibilmente con la vecchiaia; per esemplificare, intorno ai 45 anni già si riduce della metà.[3] Anche questo fattore potrebbe supportare il dato di fatto, secondo cui la stragrande maggioranza di coloro che asseriscono d'esser entrati in contatto diretto con "entità

---

[3] = Curioso è l'analogia fra la produzione di **melatonina** e la capacità di "scendere" a livello del ritmo **alfa**, entrambe appannaggio dell'età infantile. Dato che nella fanciullezza (approssimativamente fra i cinque e i dieci anni) ognuno di noi si è trovato nella sfera del ritmo **alfa** e dato che nello stesso ritmo **alfa** ci ritroviamo ogni notte, durante il sonno, è evidente che "possediamo" tale "capacità" anche adesso, in età adulta.

ultraterrestri" (siano esse divinità o alieni) rientra in una fascia d'età assolutamente giovanile. La qual cosa, tuttavia, ha come rovescio della medaglia la scarsa credibilità e considerazione che tali testimoni riescono ad ottenere dagli adulti, in virtù della "fantasticheria" propria dell'età. Occorre non confondere, vista l'assonanza, la *melanina* con la melatonina; la prima, infatti, è un pigmento bruno, prodotto da specifiche cellule epiteliali (*melanociti*) ed è stimolato dall'esposizione alle radiazioni solari o artificiali (abbronzatura), mentre la seconda si comporta al contrario: schiarisce la pelle (negli anfibi), viene inibita dalla luce e stimolata dall'oscurità e pertanto la sua produzione avviene in massima parte di notte (fra l'una e le cinque, come per le endorfine), allorché la luce non interagisce con i fotorecettori retinici. Anche questo potrebbe giustificare la statistica relativa ai "contatti" fra i testimoni ed i presunti alieni, statistica che conferma la prevalenza notturna di questi eventi.

Ma siamo veramente certi di queste "scoperte", nel senso che: siamo sicuri di essere i primi ad averle realizzate?

Il pensiero di Anassàgora

Se ripercorriamo a ritroso la storia delle Scienze, ci accorgiamo che molte delle cosiddette "scoperte", frutto di faticosi anni d'indagini e ricerche, sono in realtà nient'altro che **ri-scoperte**: un po' come le facoltà sopite e/o regredite del cervello umano, di cui accennavamo all'inizio...

Un esempio?

Antoine Laurent Lavoisier, illustre chimico francese (Parigi, 1743 – 1794), giunse a formulare la celebre teoria, oggi confermata dalla fisica quantistica, secondo cui "rien se perd, rien ne se crée" (nulla si crea, nulla si distrugge, ma tutto si trasforma); la qual cosa, tuttavia, non lo salvò dalla ghigliottina, grazie all'intelligenza (?) dei suoi simili, intesi come esseri umani, ma non altrettanto dal punto di vista politico. Tanto che il grande matematico Joseph Louis Lagrange (torinese, nonostante la modificazione del cognome e noto, fra l'altro, per l'omonimo "punto del non-ritorno", applicabile oggi a certa stupidità umana...) così commentò la sua scomparsa: "E' bastato un attimo per far cadere quella testa, ma forse cent'anni non saranno sufficienti perché ne sorga un'altra simile".

Ma se retrocediamo ancora maggiormente, non possiamo far a meno di constatare che la prima, geniale intuizione della "legge di conservazione della massa" è ben più antica, databile addirittura prima di Cristo. Si deve infatti al filosofo Anassàgora (500 – 427 a.C.), esponente di spicco dei "pluralisti" insieme con Empedocle e Democrito ed in antitesi con la corrente di Eràclito e Parmenide, il motto che la tradizione attribuisce alla scuola di pensiero denominata, per l'appunto, "pluralistica": «nulla si crea e tutto si trasforma». Il che equivale a dire che «in ogni cosa c'è una particella di ogni cosa», ovverosia «il tutto è in tutto». Tradotto in termini moderni, potrebbe equivalere al concetto di "molecola" e di "cellula": ogni entità definita è tuttavia composta dall'insieme di diversi elementi. Concetto ardito per quei tempi ed in seguito ripreso da Tito Lucrezio Caro (99 – 53 a.c.) nel *De rerum natura*. Amico di Pericle e maestro di Socrate, Anassàgora può essere ritenuto il fondatore della *"naturae historia"*, ovvero della descrizione-narrazione della storia dell'Universo a partire dalle sue origini. Fu il primo ad affermare che "il sole è una massa incandescente e la luna un ammasso terroso", e non "divinità" cui offrire sacrifici e consacrare feste, come sosteneva la tradizione mitica dell'antica Grecia. Per questo fu accusato di *"empietà"* (l'eresia di Galileo, all'epoca di Papa Urbano VIII), processato ai sensi del "decreto del vate Diopite", che perseguiva "tutti coloro che insegnano e divulgano cose empie al riguardo dei fenomeni celesti, che devono essere considerati come ammonimenti inviati dagli dèi agli uomini" (gli odierni "crop circles"?) e quindi condannato a morte. La stessa sorte toccata a Lavoisier, ma, fortunatamente per il filosofo greco, commutata poi in esilio grazie all'intercessione dell'amico Pericle. Il tutto a riprova che la Scienza non ha mai goduto (e non gode tuttora) né dei favori popolari né dell'approvazione delle forze più retrive e superstiziose, in particolare dei centri cosiddetti "magici" e delle "sette religiose". Ma, ad onor del vero, pure di certe istituzioni conservatrici, materialistiche ed esasperatamente positiviste, tese opportunisticamente a mantenere il proprio "status quo" e ad ostacolare la soddisfazione più gratificante della vita umana: quella di scoprire chi siamo, donde veniamo e dove andiamo (T.Moreux, 1867 – 1954, direttore dell'osservatorio astronomico di Bourges, città francese gemellata con Parma). Ma ciò che più sorprende nel pensiero di Anassàgora è che, già 2500 anni fa, l'Uomo era giunto attraverso il *"nous"* (l'intelletto, la mente) a concepire l'idea secondo la quale, se nel Cosmo vige la legge della "presenza del tutto in tutto" (oggi diciamo: gli elementi fondamentali che costituiscono il Cosmo sono gli stessi, dappertutto, ed i cànoni cui sottostanno sono universali), questo processo naturale, cioè quello della comparsa della Vita, deve necessariamente ed inevitabilmente essersi compiuto **anche altrove**. Troviamo così in Anassàgora, in termini che dovevano apparire sconcertanti agli occhi dei contemporanei (se non addirittura blasfemi, come abbiamo visto), la tesi della **pluralità dei mondi abitati,** che verrà in seguito sviluppata dal Fontenelle (*Entretiens sur la pluralità des mondes*, 1686) e dal domenicano Giordano Bruno (*De l'infinito universo et mondi*, 1584): in quest'ultimo caso, con le conseguenze ben note cui gli eretici andavano incontro...

"Stando così le cose, bisogna supporre che in tutti gli aggregati ci siano molte cose di ogni genere e semi di tutte le cose, aventi forme e colori e sapori d'ogni genere. E che gli uomini siano stati in tal modo composti e così pure gli altri animali che hanno vita, e che questi uomini abbiano città abitate ed opere costruite, come da noi, e abbiano il sole e la luna e tutto il resto, come da noi, e che la terra produca per loro molte cose e di ogni genere, che essi usano portando le migliori a casa".

(Anassàgora, *"Sulla natura"*, DK 59 B 4)

«A chi gli domandava perché non si interessasse della sua patria, Clazomène (città della Ionia – N.d.R.), Anassàgora rispose che invece se ne preoccupava moltissimo, *indicando il cielo*...»

Concludendo: spesso ciò che la mente immagina si rivela, nel tempo, realtà: Giulio Verne *docet*... L'intuizione precede le scoperte e pertanto, nonostante questa ricerca non sia nulla più d'una mera "ipotesi di lavoro", non si può escludere a priori che, progredendo negli studi sulla ghiandola pineale, si scopra un giorno che le sostanze ormonali da essa prodotte corrispondono a quelle stesse che, fin dalla notte dei tempi, consentivano ai nostri antichi progenitori (che ancora osiamo definire "primitivi") di accedere ad uno stato alterato di coscienza, nel corso del quale venivano proiettati, anche se transitoriamente, all'espansione della coscienza stessa e, quindi, alla percezione dell'Infinito. Facoltà, questa, che dorme profondamente, sepolta nei meandri cerebrali dell'Homo *"tecnologicus"*...

- 33 -

CONCLUSIONE

Lo ribadiamo spesso, il più grande peccato della scienza è la mancanza di interdisciplinarità. Siamo davvero sul punto di trovare il segreto della vita? Siamo frutto del caso oppure il progetto di un'intelligenza "Kosmica" che attraverso di noi perpetua se stessa? Possiamo davvero sperare un giorno di vivere una vita molto lunga e pienamente in salute? Saremo un giorno in grado di perpetuare il "Codice Universale" passando il "testimone" e contribuendo davvero all'ordine Cosmico? Nel nostro "vagabondare" tra gli studi scientifici che mirano a questo risultato, ci siamo imbattuti in una miriade di scienziati brillanti, che però non parlano fra loro, non si confrontano e soprattutto non hanno l'umiltà di "condividere" per progredire. Oggi è più che mai attuale il pensiero del grande Ernesto De Martino, etnologo, filosofo e storico delle religioni: *"La multidisciplinarietà è una delle sfide con cui la ricerca accademica dovrà prima o poi confrontarsi. A causa dell'elevato grado di specializzazione del sapere odierno, la possibilità che un solo campo del sapere si consideri preminente è ormai sempre meno credibile. L'interdisciplinarietà si pone così come possibilità per far comunicare ed, a un tempo, progredire i numerosi punti di vista che si sono aperti sul mondo e lo studio dell'uomo."* Lo studio dell'uomo è imprescindibile dalla volontà del "guardarsi dentro", con coraggio ed onestà. Questo significa non nascondere le evidenze "scomode", che ci indicano con chiarezza che le nostre vere origini sono "là fuori" e non hanno nulla di casuale, ma sono indubbiamente ed inequivocabilmente il progetto intelligente di una coscienza immensamente evoluta. Questa intelligenza è seduta al nostro capezzale e attende solamente il nostro risveglio.

RINGRAZIAMENTI

Un ringraziamento particolare per l'indispensabile consulenza editoriale a Daniele Di Stefano.

Un affettuoso abbraccio a Noemi che ha tradotto graficamente nella copertina il NOSTRO pensiero.

Marco La Rosa

Giorgio Pattera

BIBLIOGRAFIA, FONTI E CITAZIONI

L'Uomo Kosmico, teoria di un'evoluzione non riconosciuta – Marco La Rosa – Ed. OmPhi Labs 2014

Il Risveglio del Caduceo Dormiente, la vera genesi dell'Homo Sapiens – Marco La Rosa – Ed. OmPhi Labs 2015

The secret life of your cells – by Robert B. Stone – Whitford Press – 1989

La conquista della morte – Alvin Silverstein – Sperling & Kupfer 1982

Underhill PA, Peidong Shen AA, Lin LG, Passarino G, WEI YH, Kauffman E, Bonné-Tamir B, Bertranpetit J, Francalacci P, Ibrahim M, Jenkins T, Kidd JR, Qasim Mehid S, Seielstad MT, Wells SR, Piazza A, Davis RW, Feldman MW, Cavalli-Sforza LL, Oefner PJ, 2000. "Y chromosome sequence variation and the history of human populations", Nature Genetics; N. Takahata "Allelic genealogy and human evolution", in Mol. Biol. Evol., vol. 10, n° 1, gennaio 1993, pp. 2–22, PMID 8450756.

fonte: http://www.orioles.it/materiali/pn/Proprieta.pdf

Haviland WA, Walrath D, Prins HEL, McBride B (2011). Evoluzione e preistoria: la sfida umana (9 ed.), California, USA: Wadsworth Cengage Learning. pp 129-130. ISBN 978-0-495-81219-7. – WIKIPEDIA

http://www.lescienze.it/news/2013/09/19/news/stamin ali_adulte_indotte_proteina_ostacolo_efficienza-1813850/

I geni manipolati di Adamo- Pietro Buffa – Uno Editori 2015

C. Darwin, The Origin of Species by Means of Natural Selection. John Murray (1859)

D. Futuyma, Evolution. Sinauer Associates Inc (2009)

M. Ferraguti, C. Castellacci, Evoluzione: Modelli e processi. Pearson Italia (2011)

S. Gould, Challenges to Neo-Darwinism and Their Meaning for a Revised View of Human Consciousness. Cambridge University Lecture (1983)

A. Bazzani et al, Metodi matematici per la teoria dell'evoluzione. Springer (2011)

G. Chaitin, Proving Darwin: Making Biology Mathematical. Pantheon (2012)

Benedetto XVI, Creazione ed evoluzione: un convegno con papa Benedetto XVI a Castel Gandolfo. EDB (2007)

Jashik, Evangelical Scholar Forced Out After Endorsing Evolution. USA Today (2010)

N. Eldredge et al, Punctuated Equilibria: An Alternative to Philetic Gradualism. Paleobiology (1972)

S. Gould et al, Punctuated equilibria: the tempo and mode of evolution reconsidered. Paleobiology (1977)

Howard   Hughes   Medical   Institute: http://www.hhmi.org/news/lahn3.html

K.S.Pollard et al, An RNA Gene Expressed During Cortical Development Evolved Rapidly in Humans. Nature (2006)

Charles O. Frake, (1964), *Notes on Queries in Ethnography*, American Anthropologist 66:132-145

Claude Lévi-Strauss (1949), *Le strutture elementari della parentela.*

George Homans e David M. Schneider, *Marriage, Authority, and Final Causes: A Study of Unilateral Cross-Cousin Marriage*

Rodney Needham, *Structure and Sentiment: A Test Case in Social Anthropology*

Arthur P. Wolf e William H. Durham (a cura di), *Inbreeding, Incest, and the Incest Taboo: The State of Knowledge at the Turn of the Century*, ISBN 0-8047-5141-2

Fallimento scientifico del concetto di razza nell'uomo di Raffaella Romeo - Stefania Silvestri

F. Boas – L'uomo Primitivo – ed. Economica Laterza

R. Jurmain, H. Nelson – Introduction to Physical Anthropology (6th ed.) - West

L.L. Cavalli-Sforza, P.Menozzi, A. Piazza – Storia e geografia dei geni umani – ed. Adelphi

L. e F. Cavalli-Sforza – Chi Siamo - Arnoldo Mondadori Editore

L.L. Cavalli-Sforza – Gerni, popolazini e lingue – Le Scienze n.281, gennaio 1992

L.L. Cavalli-Sforza – La genetica delle popolazioni umane – Le scienze, marzo 1975

L.L. Cavalli-Sforza, P.Menozzi, A. Piazza, J. Mountain – Reconstruction of human evolution: bringing together genetic, archaeological and linguistic data – Proc. Natl. Acad. Sci. USA Vol.85, August 1988 (pp. 6002 – 6006)

A. Piazza – L'eredità genetica dell'Italia antica – Le Scienze n.278, ottobre 1991

R.C. Lewontin – Biologia come ideologia (1991)

http://www.minerva.unito.it/SIS/Razza/Razza.html

da: Catherine S. Pollard - PhD at the University of California - Che cosa ci rende umani?. Rivista Le Scienze dell'agosto 2009.

Dawkins R., Il Racconto dell'antenato. La grande storia dell'evoluzione. Mondadori, Milano, 2006.

The Chimpanzee Sequencing and Comparison with the Human Genome, Initial Sequence of the Chimpanzee Genome and Comparison with the Human Genome. Nature, Vol.37, pp. 69–87, 2005.

Olson S., Mappe della Storia dell'Uomo. Il passato che è nei nostri geni, Einaudi, Torino, 2003.

Questa voce si basa in parte sull'articolo Che cosa ci rende umani? di Katherine S. Pollard, pubblicato sulla rivista Le Scienze nel mese di agosto 2009.

Le Scienze n. 551 Luglio 2014: "Alle origini dell'Eden di Francesco Salamini

La scimmia, L'Africa e l'uomo – Yves Coppens – Jaca Book le origini dell'Uomo 1996

Le fome della vita, l'evoluzione e l'origne dell'Uomo – Edoardo Boncinelli – Einaudi 2000

Gli alberi non crescono fino in cielo – Stephen Jay Gould – Mondadori 1997

http://www.lescienze.it/news/2015/07/18/news/evoluzi one confutazione obiezioni creazioniste creazionismo -2694916/

http://pikaia.eu/creazionismo-e-antidarwinismo-in-usa-e-in-italia/

http://pikaia.eu/quando-il-creazionismo-divento-intelligente/

Citazione dalla conferenza del Prof. Dietelmo Pievani: "Rivoluzione permanente? Le ultime scoperte dell'evoluzione umana". (I Mercoledì dell'Accademia 2013-2014 – minuto 37,12)

https://www.youtube.com/watch?v=pfwjU8kWcSg

http://www.cosediscienza.it/bio/05_immortali.htm

http://www.unipd.it/ilbo/content/siamo-carnivori-e-viviamo-piu-lungo

http://daily.wired.it/news/scienza/proteine-artificiali.html

http://www.tantasalute.it/articolo/ghiaccioli-alla-frutta-fresca-ricetta-estiva-salutare/54783/

http://www.today.it/scienze/scoperta-sostanza-blocca-tumori-cnr.html

http://salutedomani.com/article/cnr terapia genica e possibile sostituire un intero cromosoma x portatore della sindrome di lesch nyhan con uno sano 20107

(citazione da: "Perché le malattie? Di Massimo Corbucci – GdM 509 Ottobre 2014)

http://www.focus.it/ambiente/animali/cosa-sono-le-meduse-immortali

http://gaianews.it/scienza-e-tecnologia/il-verme-immortale-che-sfida-linvecchiamento-17956.html

http://www.nextme.it/tecnologia/biotecnologie/2530-microrna-tumore

http://it.aleteia.org/2015/09/02/trovata-forse-una-cura-per-il-cancro-che-non-richiede-chemioterapia/

http://cordis.europa.eu/news/rcn/35100 it.html

http://www.ilnavigatorecurioso.it/2016/02/12/uno-studio-rivela-che-siamo-strutturati-per-pensarci-immortali/

http://onlinelibrary.wiley.com/doi/10.1111/cdev.12220/abstract

http://enki-anunnaki.blogspot.it/p/enuma-elish.html

Popp F. A., Quao G., Ke-Hsuen L., Biophoton emission: experimental background and theoretical approaches, Modern physics Letters B, 8, 21-22, 1994.

P.P. Gariaev, K.V. Grigor'ev, A.A. Vasil'ev, V.P. Poponin and V.A. Shcheglov. Investigation of the Fluctuation Dynamics of DNA Solutions by Laser Correlation Spectroscopy. Bulletin of the Lebedev Physics Institute, n. 11-12, p. 23-30 (1992).

L Montagnier et al. 2011 J. Phys.: Conf. Ser. 306 012007

W.Pauli, C.G. Jung, Psiche e Natura, Adelphi 2006

J. Horgan, La fine della scienza, Adelphi 1998

R. Sheldrake, La mente estesa, Urra edizioni, 2006

R. Sheldrake, La presenza del passato, Crisalide edizioni, 2011

R. Sheldrake, Science Set Free: 10 Paths to New Discovery, Deepak Chopra editions 2012

R. Sheldrake, Le illusioni della scienza, Urra edizioni, 2013

https://asclepiosalus.wordpress.com/tag/proteine/

http://www.ospedalecardarelli.it/infopatologie/aree-terapeutiche/genetica/i-geni-della-forma/

http://www.treccani.it/enciclopedia/genetica-dello-svilup-po %28Enciclopedia della Scienza e della Tecnica%29/

http://www.item-bioenergy.com/infocenter/consciousintentionondna.pdf

Astrobiologia: le frontiere della vita. La ricerca della vita extraterrestre – Giuseppe Galletta e Valentina Sergi – Hoepli, 2009)

Medicina spaziale - Enciclopedia Italiana - VI Appendice (2000)

La Bibbia di Gerusalemme testo CEI 1971

Wikipedia

"Anche i non vedenti sognano"

Fonti:

http://www.sapere.it/sapere/strumenti/domande-risposte/medicina-corpo-umano/cosa-sognano-ciechi-non-vedenti.html

http://www.segretiemisteri.com/tag/universita-di-lisbona/

http://www.ansa.it/sito/notizie/cultura/2014/08/14/colori-e-paesaggi-il-mistero-dei-sogni-dei-ciechi_8fc9c558-f292-4b32-b663-d7b5850a68d3.html

"Siamo Figli delle Stelle?"

BIBLIOGRAFIA:

G. Montalenti - INTRODUZIONE alla GENETICA - UTET, Torino 1971
G. L. Playfair / S. Hill - Gli INFLUSSI del COSMO sulla VITA TERRESTRE - MEB, Torino 1981

"La teoria della mente estesa"

BIBLIOGRAFIA:

Andrew Newberg / Eugene d'Aquili - "Why God won't go away" – Mondadori, 2002

Oscar Bettelli - "Il sentiero della conoscenza" - Università di Bologna, 2003

"DMT: passaporto per dimensioni parallele?"

BIBLIOGRAFIA:

McKenna T. - APOCALISSE GIOIOSA: funghi sacri, UFO, realtà virtuale e tribale - Stampa Alternativa, Roma - 1998

Evans Schultes R. / Hofmann A. - LES PLANTES DES DIEUX - Éditions du Lézard, Paris - 1993

U.S.E.S. - ENCICLOPEDIA MEDICA ITALIANA - Firenze, 1973

L. Ferrio - TERMINOLOGIA MEDICA - U.T.E.T. Torino, 1967

Arietti N. / Tomasi R. - I FUNGHI VELENOSI - Edagricole, Bologna, 1975

J. C. Cooper – ENCICLOPEDIA ILLUSTRATA DEI SIMBOLI – Franco Muzzio, Padova 1987

"Melatonina, traghetto per l'infinito"

BIBLIOGRAFIA:

G.Rosati – MELATONINA: ormone degli dèi – Edizioni Milesi, Modena / 2002

M.Bonazzola – DINAMICA MENTALE – CIDMEPA / Italia, Bergamo 1984

Brian O'Leary – EXPLORING INNER and OUTER SPACE – North Atlantic Books, Berkeley / 1989

J.Gribbin – DIZIONARIO di FISICA QUANTISTICA – Macro Edizioni, Cesena / 2004

E.Santaniello – ENCICLOPEDIA della CHIMICA – Garzanti, Milano / 1998

P.B. & J.S. Medawar – DIZIONARIO FILOSOFICO DI BIOLOGIA – A.Mondatori Saggi, Milano / 1986

Tito Lucrezio caro – DE RERUM NATURA – Rizzoli, Milano / 1996

Giorgio Pattera – UFO, vent'anni di indagini e ricerche (e qualcosa abbiamo scoperto) – PPS EDITRICE 2007 seconda edizione.

CHI SONO GLI AUTORI

MARCO LA ROSA

Marco La Rosa è uno studioso di antiche civiltà. In oltre venticinque anni di ricerche, perseguendo tenacemente il principio dell'interdisciplinarità, ha raccolto, studiato e divulgato scoperte scientifiche, archeologiche e della conoscenza in generale. Ha scritto per: Ufo Notiziario del CUN, Hera del Gruppo Editoriale XPublishing, ed attualmente per il Giornale dei Misteri. Dal 2008 cura il blog: *marcolarosa.blogspot.com* che, con il supporto di numerosi studiosi in varie discipline ed ispirandosi al metodo socratico e alla maieutica, divulga la scienza e la storia attraverso un nuovo paradigma. Nel 2014 dopo diversi anni di studi multidisciplinari di carattere "noetico" pubblica per la Casa Editrice OmPhi Labs di Roma il saggio: *"L'UOMO KOSMICO, Teoria di un'evoluzione non riconosciuta"*, che ha vinto il PREMIO NAZIONALE CRONACHE DEL MISTERO ALTIPIANI DI ARCINAZZO 2014 "MISTERI DELLA STORIA". Nel Febbraio 2015, continuando la proficua collaborazione con il ricercatore ed editore Marco Vecchi (OmPhi Labs – Private Research & Publishing), con il supporto del Medico e Fisico Massimo Corbucci ed il Biologo Giorgio Pattera, pubblica il saggio storico scientifico: *"IL RISVEGLIO DEL CADUCEO DORMIENTE – La vera genesi dell'Homo sapiens"*, libro che ripercorre il cammino evolutivo dell'uomo attraverso la riscoperta della vera "genesi" che può essere compresa attraverso una nuova rilettura della preistoria e storia umana con la *"scienza noetica"*.

GIORGIO PATTERA

Giorgio Pattera (biologo, giornalista e libero ricercatore) ha iniziato l'attività professionale all'Istituto di Microbiologia, presso il Policlinico "GEMELLI" di Roma. In seguito ha prestato servizio per oltre 40 anni presso i Laboratori d'Analisi dell'Azienda Ospedaliero-Universitaria di Parma, con la qualifica di Tecnico d'Indagini Bio-Mediche. Iscritto all'Ordine Nazionale dei Biologi dal 1995 e all'Albo dell'Ordine Nazionale dei Giornalisti di Bologna dal settembre 2004, nel 1988 riceve dal Prefetto di Parma il Decreto Provinciale di Guardia Ecologica Giurata Volontaria e, nel 2000, ottiene il riconoscimento dell'Assessorato Regionale Ambiente dell'Emilia-Romagna, per la permanenza ultra-decennale nel volontariato del Servizio di Vigilanza Ecologica.

Socio fondatore (1998) dell'Associazione parmense "GALILEO" (Centro Culturale di Ricerche Esobiologiche), ne riveste attualmente l'incarico di vice-Presidente e di esperto della Commissione Scientifica, per il settore delle analisi chimico-fisiche-biologiche.

Instancabile conferenziere internazionale (Francia, Svizzera, San Marino) sulle tematiche legate alla ricerca di forme di vita extraterrestre, nell'Aprile 2013 ha rappresentato l'Italia all'Europarlamento di Bruxelles, in occasione della formulazione della petizione mondiale dal titolo *"Oltre le Teorie di Modificazione Climatica"*. A tal proposito, è ritenuto uno dei maggiori esperti nazionali circa il discusso e controverso fenomeno delle *"chemtrails"*.